北京文化书系
古都文化丛书

建筑——和谐之美

中共北京市委宣传部
北京市社会科学院　组织编写
周乾　著

北京出版集团
北京出版社

图书在版编目（CIP）数据

建筑 ：和谐之美 / 中共北京市委宣传部，北京市社会科学院组织编写 ；周乾著. — 北京 ：北京出版社，2024.4

（北京文化书系. 古都文化丛书）

ISBN 978-7-200-18145-6

Ⅰ. ①建… Ⅱ. ①中… ②北… ③周… Ⅲ. ①建筑文化—北京 Ⅳ. ①TU-092.91

中国国家版本馆CIP数据核字（2023）第150785号

北京文化书系　古都文化丛书

建筑

——和谐之美

JIANZHU

中共北京市委宣传部　北京市社会科学院　组织编写

周乾　著

*

北京出版集团　北京出版社　出版

（北京北三环中路6号）

邮政编码：100120

网　址：www.bph.com.cn

北京出版集团总发行

新华书店经销

北京建宏印刷有限公司印刷

*

787毫米×1092毫米　16开本　20印张　278千字

2024年4月第1版　2024年4月第1次印刷

ISBN 978-7-200-18145-6

定价：82.00元

如有印装质量问题，由本社负责调换

质量监督电话：010-58572393；发行部电话：010-58572371

“北京文化书系”编委会

“古都文化丛书”编委会

“北京文化书系”
序言

文化是一个国家、一个民族的灵魂。中华民族生生不息绵延发展、饱受挫折又不断浴火重生，都离不开中华文化的有力支撑。北京有着三千多年建城史、八百多年建都史，历史悠久、底蕴深厚，是中华文明源远流长的伟大见证。数千年风雨的洗礼，北京城市依旧辉煌；数千年历史的沉淀，北京文化历久弥新。研究北京文化、挖掘北京文化、传承北京文化、弘扬北京文化，让全市人民对博大精深的中华文化有高度的文化自信，从中华文化宝库中萃取精华、汲取能量，保持对文化理想、文化价值的高度信心，保持对文化生命力、创造力的高度信心，是历史交给我们的光荣职责，是新时代赋予我们的崇高使命。

党的十八大以来，以习近平同志为核心的党中央十分关心北京文化建设。习近平总书记作出重要指示，明确把全国文化中心建设作为首都城市战略定位之一，强调要抓实抓好文化中心建设，精心保护好历史文化金名片，提升文化软实力和国际影响力，凸显北京历史文化的整体价值，强化“首都风范、古都风韵、时代风貌”的城市特色。习近平总书记的重要论述和重要指示精神，深刻阐明了文化在首都的重要地位和作用，为建设全国文化中心、弘扬中华文化指明了方向。

2017年9月，党中央、国务院正式批复了《北京城市总体规划（2016年—2035年）》。新版北京城市总体规划明确了全国文化中心建设的时间表、路线图。这就是：到2035年成为彰显文化自信与多元包容魅力的世界文化名城；到2050年成为弘扬中华文明和引领时代潮流的世界文脉标志。这既需要修缮保护好故宫、长城、颐和园等享誉中外的名胜古迹，也需要传承利用好四合院、胡同、京腔京韵等具有老北京地域特色的文化遗产，还需要深入挖掘文物、遗迹、设施、景点、语言等背后蕴含的文化价值。

组织编撰“北京文化书系”，是贯彻落实中央关于全国文化中心建设决策部署的重要体现，是对北京文化进行深层次整理和内涵式挖掘的必然要求，恰逢其时、意义重大。在形式上，“北京文化书系”表现为“一个书系、四套丛书”，分别从古都、红色、京味和创新四个不同的角度全方位诠释北京文化这个内核。丛书共计47部。其中，“古都文化丛书”由20部书组成，着重系统梳理北京悠久灿烂的古都文脉，阐释古都文化的深刻内涵，整理皇城坛庙、历史街区等众多物质文化遗产，传承丰富的非物质文化遗产，彰显北京历史文化名城的独特韵味。“红色文化丛书”由12部书组成，主要以标志性的地理、人物、建筑、事件等为载体，提炼红色文化内涵，梳理北京波澜壮阔的革命历史，讲述京华大地的革命故事，阐释本地红色文化的历史内涵和政治意义，发扬无产阶级革命精神。“京味文化丛书”由10部书组成，内容涉及语言、戏剧、礼俗、工艺、节庆、服饰、饮食等百姓生活各个方面，以百姓生活为载体，从百姓日常生活习俗和衣食住行中提炼老北京文化的独特内涵，整理老北京文化的历史记忆，着重系统梳理具有地域特色的风土习俗文化。“创新文化丛书”由5部书组成，内容涉及科技、文化、教育、城市规划建设等领域，着重记述新中国成立以来特别是改革开放以来北京日新月异的社会变化，描写北京新时期科技创新和文化创新成就，展现北京人民勇于创新、开拓进取的时代风貌。

为加强对“北京文化书系”编撰工作的统筹协调，成立了以“北京文化书系”编委会为领导、四个子丛书编委会具体负责的运行架构。“北京文化书系”编委会由中共北京市委常委、宣传部部长莫高义同志和市人大常委会党组副书记、副主任杜飞进同志担任主任，市委宣传部分管日常工作的副部长赵卫东同志担任副主任，由相关文化领域权威专家担任顾问，相关单位主要领导担任编委会委员。原中共中央党史研究室副主任李忠杰、北京市社会科学院研究员阎崇年、北京师范大学教授刘铁梁、北京市社会科学院原副院长赵弘分别担任“红色文化”“古都文化”“京味文化”“创新文化”丛书编委会主编。

在组织编撰出版过程中，我们始终坚持最高要求、最严标准，突出精品意识，把“非精品不出版”的理念贯穿在作者邀请、书稿创作、编辑出版各个方面各个环节，确保编撰成涵盖全面、内容权威的书系，体现首善标准、首都水准和首都贡献。

我们希望，“北京文化书系”能够为读者展示北京文化的根和魂，温润读者心灵，展现城市魅力，也希望能吸引更多北京文化的研究者、参与者、支持者，为共同推动全国文化中心建设贡献力量。

“北京文化书系”编委会

2021年12月

“古都文化丛书”
序言

北京不仅是中国著名的历史文化古都，而且是世界闻名的历史文化古都。当今北京是中华人民共和国首都，是中国的政治中心、文化中心、国际交往中心、科技创新中心。北京历史文化具有原生性、悠久性、连续性、多元性、融合性、中心性、国际性和日新性等特点。党的十八大以来，习近平总书记十分关心首都的文化建设，指出北京丰富的历史文化遗产是一张金名片，传承保护好这份宝贵的历史文化遗产是首都的职责。

作为中华文明的重要文化中心，北京的历史文化地位和重要文化价值，是由中华民族数千年文化史演变而逐步形成的必然结果。约70万年前，已知最早先民“北京人”升腾起一缕远古北京文明之光。北京在旧石器时代早期、中期、晚期，新石器时代早期、中期、晚期，经考古发掘，都有其代表性的文化遗存。自有文字记载以来，距今3000多年以前，商末周初的蓟、燕，特别是西周初的燕侯，其城池遗址、铭文青铜器、巨型墓葬等，经考古发掘，资料丰富。在两汉，通州路（潞）城遗址，文字记载，考古遗迹，相互印证。从三国到隋唐，北京是北方的军事重镇与文化重心。在辽、金时期，北京成为北中国的政治中心、文化中心。元朝大都、明朝北京、清朝京师，北京是全中国的政治中心、文化中心。民国初期，首都在北京，后都城虽然迁到南京，但北京作为全国文化中心，既是历史事实，也是人们共识。北京历史之悠久、文化之丰厚、布局之有序、建筑之壮丽、文物之辉煌、影响之远播，已经得到证明，并获得国际认同。

从历史与现实的跨度看，北京文化发展面临着非常难得的机遇。上古“三皇五帝”、汉“文景之治”、唐“贞观之治”、明“永宣之治”、清“康乾之治”等，中国从来没有实现人人吃饱饭的愿望，现在全面建成小康社会，历史性告别绝对贫困，这是亘古未有的大事。中华民族迎来了从站起来、富起来到强起来的伟大飞跃，迎来了实现伟大复兴的光明前景。

“建首善自京师始”，面向未来的首都文化发展，北京应做出无愧于时代、无愧于全国文化中心地位的贡献。一方面整体推进文化发展，另一方面要出文化精品，出传世之作，出标识时代的成果。近年来，北京市委宣传部、市社科院组织首都历史文化领域的专家学者，以前人研究为基础，反映当代学术研究水平，特别是新中国成立70多年来的成果，撰著“北京文化书系·古都文化丛书”，深入贯彻落实习近平总书记关于文化建设的重要论述，坚决扛起建设全国文化中心的职责使命，扎实做好首都文化建设这篇大文章。

这套丛书的学术与文化价值在于：

其一，在金、元、明、清、民国（民初）时，北京古都历史文化，留下大量个人著述，清朱彝尊《日下旧闻》为其成果之尤。但是，目录学表明，从辽金经元明清到民国，盱古观今，没有留下一部关于古都文化的系列丛书。历代北京人，都希望有一套“古都文化丛书”，既反映当代研究成果，也是以文化惠及读者，更充实中华文化宝库。

其二，“古都文化丛书”由各个领域深具文化造诣的专家学者主笔。著者分别是：（1）《古都——首善之地》（王岗研究员），（2）《中轴线——古都脊梁》（王岗研究员），（3）《文脉——传承有序》（王建伟研究员），（4）《坛庙——敬天爱人》（龙霄飞研究馆员），（5）《建筑——和谐之美》（周乾研究馆员），（6）《会馆——桑梓之情》（袁家方教授），（7）《园林——自然天成》（贾珺教授、黄晓副教授），（8）《胡同——守望相助》（王越高级工程师），（9）《四合院——修身齐家》（李卫伟副研究员），（10）《古村落——乡愁所寄》（吴文涛副研究员），（11）《地名——时代印记》（孙冬虎研究员），（12）《宗教——和谐共生》（郑永华研究员），（13）《民族——多元一体》（王卫华教授），（14）《教育——兼济天下》（梁燕副研究员），（15）《商业——崇德守信》（倪玉平教授），（16）《手工业——工匠精神》（章永俊研究员），（17）《对外交流——中国气派》（何岩巍助理研究员），（18）《长城——文化纽带》（董耀会教授），（19）《大运河——都城命脉》（蔡蕃研究员），（20）《西山永定河——血脉根基》（吴文涛副研究员）等。署名著者分属于市社科院、清华大学、中央民族大学、首都经济贸易大学、北京教育科学研究院、北京古代建筑研究所、故宫博物院、首都博物馆、中国长城学会、北京地理学会等高校和学术单位。

其三，学术研究是个过程，总不完美，却在前进。"古都文化丛书"是北京文化史上第一套研究性的、学术性的、较大型的文化丛书。这本身是一项学术创新，也是一项文化成果。由于时间较紧，资料繁杂，难免疏误，期待再版时订正。

本丛书由市社科院原院长王学勤研究员担任执行主编，负责全面工作；市社科院历史研究所所长刘仲华研究员全面提调、统协联络；北京出版集团给予大力支持；至于我，忝列本丛书主编，才疏学浅，年迈体弱，内心不安，实感惭愧。本书是在市委宣传部、市社科院的组织协调下，大家集思广益、合力共著的文化之果。书中疏失不当之处，我都在在有责。敬请大家批评，也请更多谅解。

是为"古都文化丛书"序言。

阎崇年

目　录

前 言

“和谐”思想作为中国社会几千年来普遍具有的精神理念和理想追求，在我国传统思想文化的历史长河中源远流长，蕴含着丰富的价值内涵与社会意义。“和”作为我国古代社会思想的精髓所在，被视为中国社会的最高理想境界，贯穿于我国古代不同的社会思想学派中，体现为我国博大精深的古代优秀传统文化。

在人与自然的关系上，我国古代思想家主张“天人合一”，这是我国古代思想史上最基本的思想观点之一。它肯定人与自然界的统一，强调人与自然所处的平衡与协调状态，指出人类应当有限度、有节制地利用大自然，掌握并尊重自然规律，要保护自然界，而不能破坏自然，更不能无限索取、利用自然界。道家思想强调人应以回归自然为目的，人应与自然和谐共处，与万物融为一体。老子主张“人法地，地法天，天法道，道法自然”（《道德经》），以崇尚自然、尊重自然规律为最高准则。庄子追求“天地与我并生，而万物与我为一”（《庄子·齐物论》）的境界，强调人必须遵循自然界的客观规律，顺应自然。在人与社会的关系上，人不仅是自然界的一部分，也是社会的重要组成部分，人具有社会的属性。

我国古代思想家十分重视人与社会和谐统一。孔子向往的理想社会是“天下有道”，他倡导一切都协调适中，恰到好处，主张人与社会的高度和谐统一，“礼之用，和为贵，先王之道斯为美”（《论语·学而》），主张在政治上通过“以德治国”与“以仁施政”来行“王道”。后来，孟子提出“以民为本”。孟子的这种思想与上述孔子的“仁政”思想相得益彰，二者都主张通过政通人和、和谐兴邦的理念来达到人与社会的和谐统一，促进历史的进步与社会的发展。另外，我国古代思想家十分重视“群己和谐”，荀子就提出“群居和一”的观点，指出：“人生不能无群，群而无分则争。争则乱，乱则离，离则弱，弱则不能胜物。”（《荀子·王制》）这就是说，人只有合群，而非独处，才能避免争斗，协调一致，并产生巨大的向心力与凝聚力。[①]建筑，作为人与自然联系的一种重要载体，随着人与自然关系的发展而发展。我国从原始巢居、穴居到原始村落、民宅以至后来的都城、宫殿等，建筑选址无不受其影响。归纳起来，大都沿着趋利避害，阴阳相合，充分借助自然的生态环境优势，背阴向阳，充分体现“天”“地”“人”和谐关系的理念。[②]

北京是我国首都，位于华北平原北部，背靠燕山，毗邻天津市和河北省。北京建城历史十分悠久，从公元前1045年至今，有着3000多年历史。北京在历史上曾为辽、金、元、明、清都城，有着丰富的都城营建历史，建造了许多宏伟壮丽的宫廷建筑，成为我国拥有帝王宫殿、园林、庙坛和陵墓数量最多、内容最丰富的城市。北京现有各级文物保护单位3840处[③]，其中古建筑1308处[④]。北京的古建筑类型非常丰富，且以皇家建筑为典型代表，如紫禁城、天坛、颐和园等。北京古都建筑有着多样的价值，涵盖历史、文化、艺术、科学等。如北京古都建筑多为明清时期建筑，且多为皇家建筑，可反映明清帝王统治核心区域的政治、军事、经济、生产力发展等状况。北京古都建筑大都有着绚丽的油饰彩画、精美的装饰和雕刻工艺，可反映当时社会的建筑艺术风格和艺术水平，因而具有丰富的

① 吴洋：《中国古代“和谐社会”思想及对当代的启示》，《天中学刊》，2014年第1期，第55—57页。

② 李玲，李俊：《从建筑选址看中国传统文化的“相地堪舆”》，《人文天下》，2019年第2期，第56—59页。

③ 2011年北京市全国第三次文物普查工作调查结果。

④ 马英豪：《从北京市第三次文物普查数据看加强近、现代建筑的保护》，《首都博物馆论丛》，2012年，第70—77页。

艺术价值。这些古建筑的布局规划、室内外陈设、屋顶的瑞兽等，都能反映出当时的社会礼俗和建筑使用者的思想信仰，因而古建筑具有丰富的文化价值。北京古都古建筑还有科学价值。古建筑一般能历经数百甚至上千年而较为完整地保存至今，其抵抗各种自然灾害的科学机制值得我们研究；古建筑的布局规划、营建技术、建筑构造等均具有科学合理之处，值得我们研究。古建筑的价值正是其作用之所在。充分发挥古建筑的作用，有利于激发公众爱国热情，学习古代建筑科学的营建方法和建筑技艺，弘扬优秀传统文化，提高综合人文素质。

和谐是北京古建筑历经数百年保存完好的重要前提，是维护其保存至今的重要保障，更是北京古都建筑的重要文化内涵，对当今和谐社会的发展和公众人文素质的提高有着重要的促进作用。北京古都建筑的和谐，体现为“天”“地”“人”的和谐，即建造者、管理者和使用者能够使得古建筑既能满足使用要求，又能符合人的欣赏需求，更能顺应自然和社会规律的发展需求，具体表现在建筑的建造理念、建造方法、建造技术、建造艺术等诸多方面能够达到人、自然、社会的和谐统一。因而，对北京古都建筑蕴含的和谐文化思想开展研究和探讨，具有极其重要的意义。例如，位于北京市中心的紫禁城，为明清皇宫所在地，含古建筑9000余间，是世界上现存规模最大、保存最完整的木结构古代宫殿建筑群，代表着我国古建筑方方面面的最高水准。紫禁城古建筑有着严谨的形制，绚丽的色彩，有序的构架，精湛的工艺，丰富的历史，优美的造型，和谐的环境，是北京古都建筑的典型代表。此外，明清皇帝祭天的天坛、清代皇家园林颐和园亦具有丰富的建筑特色，蕴含了特定的和谐思想。

本书主要讨论北京具有代表性的皇家宫殿、皇家园林、皇家坛庙、四合院等古建筑蕴含的和谐思想和文化。其中，具有典型代表性的紫禁城古建筑为本书的核心研究对象。全书共包括十四章。第一章论述天坛建筑的“天人合一”和谐思想，第二章论述颐和园内建筑的和谐艺术，第三章论述北京四合院的和谐思想，第四章至十四章主要以紫禁城古建筑为例，分别论述北京古都建筑烫样、建筑陈设、建筑命名、建筑技艺、建筑宝匣、建筑构造、建筑瑞兽、建筑色彩、建筑选址、建筑布局、建筑数字等方面的和谐思想、文化及艺术，并讨论《周易》《考工记》等古代建筑经典中的和谐思想对紫禁城古建筑营建的影响。

第一章

天坛建筑的“天人合一”和谐思想

祭天是古人对自然及人类自身认识的一种反映，它源于生活，最初只是人们的一种崇拜行为。祭祀也是人类思维形成的结果，是随着人类社会意识形态的出现而产生的，它代表了人类最初的觉悟，是人类脱离蒙昧、走向文明的一个标志。中国古代祭天的历史可以追溯至远古时期的传说，黄帝时期就已经有祭天的行为，尧帝时“乃命羲和，钦若昊天”（《汉书》卷二十一上），祭天的仪式已经很隆重了。早期，人们选择自然高地举行拜祭上天的活动，后来才建造专门用于祭天活动的高台，称为祭坛，用以表达人们对上天的尊崇和祈盼。人类社会分为统治者和被统治者以后，祭天就成为统治者的专有权利。《礼记·曲礼》即有“天子祭天地”的说法，成书早于《礼记》的《大戴礼记》亦曰：“郊止天子，社止诸侯，道及士大夫。”并说祭祀“所以别尊卑，尊者事尊，卑者事卑”。在阶级社会里，统治者赋祭天以特有的含义，将其纳入封建礼制的范畴，使之成为国家政治生活的一项重要内容。宋朝著名史学家司马光也说：“夫礼，辨贵贱，序亲疏，裁群物，制庶事。”（《资治通鉴》卷第一）正是由于祭祀被赋予了特殊的含义，与国家的政治生活有着密切相关的关系，因而被中国历史上历朝历代的君主奉行不辍，一直延续了两千多年，而祭天更是被推崇到了无以复加的高度，成为“国之大祀”。[①]

《礼记》卷四十曰：“凡治人之道，莫急于礼；礼有

---

① 姚安：《美丽北京之天坛》，《北京史与北京生态文明研究》，经济科学出版社2015年版，第128页。

五经，莫重于祭。”我国历来重视对天神、地祇、人鬼的祭祀，历朝历代都有自己严整的国家祭祀系统。所谓国家祭祀，是指在一定观念支配下，以礼制规范为指导，通过在特定时间、特定地点，由来自官方或官方认可的特定人物参加，按特定程式向特定神祇供献祭品，以实现人神沟通并求得神祇福佑的重要政治活动，它将祭法、祭义、祭器、辞令、礼容、祭祀主体、祭祀对象、祭祀场所、祭祀时间等诸多要素有机地组织在一起，既是一套完整的仪式与行为系统，也是一套复杂的观念和信仰系统。[①]据史料记载，有正式祭祀天地的活动，可追溯到公元前两千年，尚处于奴隶制社会的夏朝。中国古代帝王自称“天子”，他们对天地非常崇敬。明代北京天坛（天地坛）之设本来就是国家祭祀礼制的一部分，旨在提供符合礼制规范或最高统治者意愿的祭祀场所。天地坛时期，在这里举行的仪式主要有孟春（春季的首月）的合祀天地礼，以及遇皇帝即位、皇子诞生、册封皇后、奉安太后等重大事件的告祭礼。嘉靖改制之后，虽然祭祀内容、祭祀对象、祭祀时间等均有变化，但它仍被当作国家祭祀礼仪空间。事实上，这时的祭祀活动更加丰富了，除了告祭之外，还有孟春祈谷、冬至（被视为冬季的大节日）祭天、祈谢雨雪等仪式。

天坛是明清两代皇帝每年祭天和祈祷五谷丰收的地方。天坛于明永乐十八年（1420）仿南京形制建，时称“天地坛”，合祭皇天后土，当时是在大祀殿（今祈年殿前

---

① 张勃：《从国家祭祀场所到公共活动空间——关于活化北京七个祭坛公园的思考与建议》，《北京联合大学学报（人文社会科学版）》，2013年第1期，第59—65页。

身）行祭典。嘉靖九年（1530）嘉靖皇帝听大臣言：“古者祀天于圜丘，祀地于方丘。圜丘者，南郊地上之丘，丘圜而高，以象天也。方丘者，北郊泽中之丘，丘方而下，以象地也。”（《明史纪事本末》卷五十一）他于是决定天地分祭，在大祀殿南建圜丘祭天，在北城安定门外另建方泽坛祭地。嘉靖十三年（1534）圜丘改名天坛，方泽坛改名地坛。大祀殿废弃后，改为祈谷坛。嘉靖十七年（1538）祈谷坛被废，于十九年（1540）在坛上另建大享殿，二十四年（1545）建成。清乾隆十六年（1751）改大享殿为祈年殿，以后历经多次修缮、扩建。光绪二十六年（1900），八国联军曾在天坛斋宫内设立司令部，在圜丘上架炮。文物、祭器被席卷而去，建筑、树木惨遭破坏。1949年中华人民共和国成立后，政府对天坛的文物古迹投入大量的资金，进行保护和维修。经过多次修缮和大规模绿化，古老的天坛更加壮丽。天坛以严谨的建筑布局、奇特的建筑构造和瑰丽的建筑装饰著称于世。今天的天坛总占地面积约270万平方米，分为内坛和外坛。主要建筑物在内坛：南有圜丘坛、皇穹宇；北有祈年殿、皇乾殿；一条贯通南北的甬道——丹陛桥，把这两组建筑连接起来。外坛古柏苍郁，环绕着内坛，使主要建筑群显得更加庄严宏伟。皇穹宇内还有巧妙运用声学原理建造的回音壁、三音石、对话石等，充分显示出古代中国建筑工艺的发达水平。

第一节 “天人合一”与“天圆地方”

“天人合一”语较早出北宋张载的《正蒙》。但“天人合一”的观念却起源于原初祭祀上天的意识。“天人合一”中的“天”，原意指人头，后来引申为头上的空间，泛指自然界和自然规律，是与人、人类相对应的概念。“天人合一”中的“人”，指的是人事、社会，主要指相对于自然界的人类。

“天人合一”，是中国人心目中的理想境界。中国传统哲学中的“以人合天”的和谐自然观强调人与自然和谐，儒家、道家和宋明理学都对这一思想做了各自独到的阐述。“天人合一”哲学思想追求人与自身及其环境的和谐相处，无论是儒家的人与人、人与社会的和谐，还是道家的人与自然的和谐或者佛家的人与自我的和谐，都以自己的思维方式推崇这一理念。

“天人合一”哲学思想不仅影响了中国的政治与文化，也深深影响了中国传统美学。古人把天地未分、混沌初起时的状态称为太极，盘古开天辟地后，天地二分，即所谓“太极生两仪”，就划出了阴阳，盘古死后幻化为日月星辰、山川草木。古人把由众多星体组成的茫茫宇宙称为“天”，把立足其间赖以生存的田土称为“地”，由于日月等天体都是在周而复始、永无休止地运动，好似一个闭合的圆周无始无终；而大地却静悄悄地在那里承载着人们，恰如一个方形的物体静止稳定，于是“天圆地方”的概念便由此产生。对于天地，人们的认识是这样的：“天道曰圆，地道曰方，方者主幽，圆者主明”（《淮南子·天文训》），“圆出于方，方出于矩……环矩以为圆，合矩以为方……方属地，圆属天，天圆地方”（《周髀算经》）。综观自然界，凡是圆形的物体，都具有好动和不稳定的特点，就像圆圆的日月一般；凡是方形的物体，都具有静止和稳定的特点，就像静静的大地一样。动为阳、静为阴，故而“天圆”就成了阳的象征。天圆地方是“天人合一”的一种注解，中国传统文化提倡“天人合一”，讲究效法自然，风水术中推崇的“天圆地方”原则，就是对这种宇宙观的一种特殊注解。[①]

“天圆地方”的理念很早就在中国出现，相传最早由伏羲氏提出来，而后经殷商传至周公。其主要观点是说苍天似穹隆圆顶般笼罩在大地上方，而大地如方形棋盘一样承载着世间的一切，即所谓“天圆如张盖，地方如棋局”（《天中记》卷一），反映了古人对天地自然最早、最感性的理解。这一理念被传承下来，深刻地影响到中国古代社会的方方面面。当然，天圆地方还多指测天量地的方法。“天圆”指测天须以“圆”的度数，即圆周率来计算，古谓“三天两地”的“三天”指的即是圆周率；“地方”指量地须以“方”来计算，“两地”即“方”，指边长乘以边长。当代数术学家陈维辉先生在《邹衍阴阳学说》一书中指出“规为天，矩为地，‘大环在上，大矩在下’表示天圆地方，规矩图数之来由”[②]。古人对伏羲、女娲氏的记载与留下的画像，均是以伏羲执规、女娲执矩和人首蛇（龙）身的形象传予后世的。伏羲执规代表“圆”为测天之工具，女娲执矩代表“方”为量地之工具。“天圆地方”告诉人们的是一个测天量地的方法，介于天地之间的人们以此“规矩”做准绳来安排人类方方面面的生活，于是昌盛兴隆，得而不失。此外，伏羲执规、女娲执矩和人首蛇（龙）身的形象不但传达出天地的一般概念，同时作为一般概念贯穿下来的还有阴阳、男女的概念，包含天、地具有绝对支配主宰而不可违的哲学思想。因而，天圆地方的宇宙观思想，既表达的是天地的一般概念，又是一个有生动形象和可以实际操作的测天量地的具体方法。[③]

---

① 周艳艳：《从明清北京祭坛建筑透视“天人合一”的意蕴》，黑龙江大学硕士学位论文，2009年，第20页。

② 吕嘉戈：《中国哲学方法——整体观方法论与形象整体思维》，中国文联出版社2003年版，第253页。

③ 王小回：《天坛建筑美与中国哲学宇宙观》，《北京科技大学学报（社会科学版）》，2007年第1期，第157—161页。

作为世界上最大的祭天建筑群，天坛的“象天”思想非常明显地体现在了圆与方的运用上。从整体布局上看，天坛整体布局为“北圆南方”，环绕圜丘与祈年殿修筑着方形坛墙，“方”“圆”的整体和局部运用，直观表现出“天圆地方”这一古人对于天地形状的认识。天坛的主体建筑如圜丘、祈年殿、皇穹宇都是圆形构造，以象天形；圜丘四周的矮墙，皇穹宇、祈年殿的屋顶都覆以蓝色琉璃瓦，以象天色；圆形之外又使用方形围墙，以象地方。天坛建筑以“圆形”为主，反映出东方哲学“圆通内敛”的特质；同时造型的端庄厚重则反映出传统文化“平和中正”的风范，整体建筑风格可用“雍容典雅”4个字形容。天坛的地势为南低北高，且祈年殿为古时北京城的制高点。从成贞门至祈年门的南北方向高差为3米，沿丹陛桥北行的道路隐然有登天的景仰与艰难之感。南北地基的高差与中国传统文化中“坐北朝南”的皇帝座位的方位吻合，暗含“皇权天授”之意，以表明王权的合法性和“君临天下”的皇帝威严。“实”的建筑表现人的智慧，“虚”的景观表达精神追求。稀疏开朗、视野开阔、虚实结合的建筑布局鲜明地营造出“天人合一”的神圣与空灵之感。[①]天坛虽位于都城的南方，但准确地说，它并非真正建立在京城的正南方向，而是东南方向，这与中国哲学中的阴阳思想中的贵阳观念密切相关。传统的阴阳观念在肯定阴阳都是世界本原的同时，极力推崇阳的地位。据《吕氏春秋》卷十三所载“九天方位说”，天属阳，南方亦属阳，正南方向为“炎天”，不是最适宜的祭天场所的所在；而东南方向则为“丙巳之位”，属“阳天”，乃阳中之阳，天坛定位于此实为大吉。

① 王堃：《天坛回音建筑演进轨迹及其文化意蕴》，黑龙江大学硕士学位论文，2008年，第31页。

第二节　天坛建筑布局的“天人合一”思想

中国古代的城市规划和建筑布局深受“象天法地”思想的影响。远古时代的黄帝就对自然界怀着敬畏的心理，把天地当作效法的对象，开创了中国古老的顺应自然、追求人与自然协调一致的传统。渊源于黄帝时代的“天人合一”世界观，表现在建筑方面，就是所谓“象天立宫”“象天法地”，即是建筑布局体象天地，模拟天上的星宿结构。这种观念在春秋时期的吴越两国就相当盛行。据《吴越春秋》记载，吴国大夫伍子胥和越国大夫范蠡，在修建都城时，都把“象天法地”作为城市规划的基本原则。伍子胥修筑阖庐大城，为了象征天有八风，设立陆门八座；为了象征地有八卦，设立水门八座。因天有天门，地有地户，因此，“立阊门者，以象天门通阊阖风也，立蛇门者，以象地户也”（《吴越春秋·阖闾内传》）。中国传统的建筑，更是讲究天圆地方。建筑的地面规划，必须是“四方为形”、“五方为体”、“中”为主导，来体现天地方位的对应关系。它们多以紫微星垣为中心，南方的太微垣、北方的天市垣为布局的轴心，按照二十八星宿“四象”划分为东、西、南、北四大方位区域等，以取得与天上王国的对应象征。其象征性的上下对应的“象天法地”形态，呈现出一种超乎人间的神秘的理性意义。[①]天坛为了体现“象天法地”，除了以圆形的周垣象征天宇，以外围方形的土墙比拟地表之外，以所有构件合易的数理，来寓示天的崇高和地的辽阔。

天坛选址在北京南部，理论根据是《周易》先天八卦图。《周易·系辞下》有：“乾，阳物也，坤，阴物也。”古人依据这一段话，提出先天八卦论，按照先天八卦方位，乾南、坤北、离东、坎西、兑东南、艮西北、震东北、巽西南。“坎为水、为月……离为火、为日

① 周艳艳：《从明清北京祭坛建筑透视“天人合一”的意蕴》，黑龙江大学硕士学位论文，2009年，第38页。

(《河洛真数·起例卷上》)”这就是说乾为天在正南，坤为地在正北，离为日在正东方，坎为月在正西方。古人认为，先天八卦方位才是天地日月的本来方位。古人为了将天坛、地坛、日坛、月坛与先天八卦方位对应起来，就按照先天八卦方位将天坛建在北京古内城的南方，将地坛建在北方，将日坛建在东方，将月坛建在西方，分别表示前朱雀、后玄武、左青龙、右白虎，而四坛中间就是皇帝的都城。由此可见，天坛所代表的卦位是根据先天八卦图而来。天坛的建筑方位，为了明确地突出主体，首先用一条高出地面的丹陛桥构成轴线，直贯南北，然后在其左右两侧恰当地安排了体量与形状不同的建筑，成为全部的中心。与此相同，轴线上的各组建筑也采取突出主体的手法。如圜丘外面两层矮墙的处理，有助于空间的延展，使圜丘显得比真实尺度更加高大些，表现出天的精神功能需要。天坛主建筑坐北朝南，最高等级，斋宫坐西朝东，次之，置于主轴线之外，并取面东朝向，这象征皇帝作为“天子”低于“昊天上帝”的亲缘身份——这是方位象征。[①]丹陛桥、神道为正中，御道、王道分别在东西两侧——突出皇权和天的关系。

在空间布局上，天坛最大的特色就在除突出天的核心地位外，也得体地体现了天子作为天之子的尊贵身份。[②]圜丘组群与祈年殿组群通过抬高的丹陛桥形成两点一线的布局，成为坛区的南北主轴线。这条轴线布置的都是祭天的主要功能建筑，因此是天的象征。斋宫是天子祭祀前的斋戒场所，相当于天子的行宫，空间属性上，是天子的象征。在城市整体布局上，由于与天子宫殿(紫禁城)的关系，斋宫位于园区的西侧，但是在朝向上面向东方，这样就避免形成与主轴线的冲突(如果斋宫面南，形成的轴线要么削弱主轴线的地位，要么自身过于卑微)。而在另一层意义上，由祈年殿组群、圜丘组群、斋宫三

---

① 王堃：《天坛回音建筑演进轨迹及其文化意蕴》，黑龙江大学硕士学位论文，2008年，第42—43页。

② 陈晓虎，张学玲：《明清北京天坛建筑群布局的释说》，《山西建筑》，2015年第8期，第1—3页。

者构成的等边三角形的重心与天坛几何中心接近一致，形成了新的意义上的居中，天子与天的关系更为和谐有序，在居中的基础上，不失主次等级关系。而对于丹陛桥而言，它是连接祈年殿和皇穹宇的南北大道，下部为长约360米，宽约30米的砖石台基。“丹”意为红，“陛”原指宫殿前的台阶。丹陛桥南端高约1米，北端高约3米，由南向北逐渐升高，一是象征皇帝步步高升，寓升天之意；二是表示升天不仅要步步登高，而且要经过漫长路程。丹陛桥亦为“天人合一”思想的体现。

中国传统礼制思想对天坛的空间布局亦有着深厚的影响。天坛内外坛在平面上北圆南方的形制就体现了“天圆地方”的传统文化理念。在建筑布局上，祈谷坛与圜丘坛位于主轴线北端和南端，而斋宫位于偏位东西朝向，也体现了“天尊人卑”“天父人子”的尊天思想。圜丘坛东、南、西、北方向按传统设四座天门，分别命名“泰元门”“昭亨门”“广利门”“成贞门”，其中名称中蕴含的元、亨、利、贞四字，取义《周易》中“乾为天，乾卦元亨利贞”之意。

建筑布局整体的颜色分布有着丰富的文化内涵。天坛在建筑屋顶的色彩上都有着受礼制约束的规律性。[①]古代先哲认为宇宙生命万物是由五种基本要素，即金、木、水、火、土构成，同时这五种元素之间既相生又相克。以此出发又延伸出许多相关文化，如将不同方向赋予不同含义：东方青色主木，西方白色主金，南方赤色主火，北方黑色主水，中央黄色主土。从天坛建筑屋顶色彩可以看出，屋顶的色彩主要分为两类：青蓝色与绿色。主体祈谷坛、圜丘坛建筑群包括圜丘坛坛墙瓦色，均采用了青蓝色。这是从清朝乾隆时期所开始的规制，目的是突出主体建筑与天色相接的整体感觉。其余附属建筑包括坛门等均采用规制低一级的绿色琉璃瓦顶。而坐落在外坛的，古时祭祀乐班的驻地神乐署与饲养祭祀用动物的牺牲所屋顶色彩更低一级，为灰色

① 刘媛：《北京明清祭坛园林保护和利用》，北京林业大学博士学位论文，2009年，第91页。

瓦顶。祭坛外坛西门则单独采用了黑色绿剪边琉璃瓦顶。黑（灰）色瓦顶在民间是最普遍的。贵族府第、寺观祠堂以及平民百姓家的建筑多用黑色瓦顶。但在皇家园林中，有些建筑也会采用黑色绿剪边琉璃瓦顶，天坛西门就是如此。这是因为“五行”认为，黑色代表水，为防止失火，将建筑设为黑色瓦顶，含有“水压火”之意。祈年殿在清光绪年间就失火一次，被烧殆尽，后重建，故西门设黑色剪边琉璃瓦顶，有水从天降，驱火之意。祈年殿的前身大享殿，即由三色琉璃瓦覆顶，上层青色、中层黄色、下层绿色，分别寓意天、地、先祖。乾隆时均改为青色，更突出了“象天”的主题。

第三节　圜丘坛建筑中的“天人合一”思想

圜丘坛是皇帝举行冬至祭天大典的场所，主要建筑有圜丘（图1-1）、皇穹宇及配殿、神厨、三库及宰牲亭，附属建筑有具服台、望灯等。圜丘明朝时为三层蓝色琉璃圆坛，清乾隆十四年（1749）扩建，并改蓝色琉璃为艾叶青石台面，汉白玉柱、栏。圜丘中央的“天心石”也被称为“太极石”。“太极石”周围砌9块扇形石板，构成第一重；第二重18块，第三重27块，直到第九重81块，组成了一个以9为公比的等比数列。除了坛中央的一块“太极石”以外，共“四十五个九”即405块石板组成，目的是在于不断重复地强调数字“九”的意义。中国古代有“九重天”之说，依次为“日天”“月天”“金星天”“木星天”“水星天”“火星天”“土星天”“二十八星宿天”“宗动天”，因此，在天坛建筑构造中数字“九”的重复出现，意在象征寰宇的“九重”。但圜丘还有更深层次的象征含义，每当祭天时，只有圜丘坛中央的“太极石”才能供奉皇天上帝的神牌，象征了天帝居于九天之上而统辖天下这一点。而在封建王权的统治下，只有人间帝王才是天帝的代表，只有帝王在人间出现才能产生关于天帝的文化观念。因此，祭

图1-1　圜丘
（图片来源：郝建杰拍摄；时间：2019年）

天时在“太极石”上供奉皇天上帝的神牌实质上是象征了人间天帝的代表，即皇帝的至尊以及对民众百姓的统辖。这一点，也可从圜丘的第一层共“四十五个九”405块石板组成而看出。现在的圜丘按照明清朝旧制的尺寸计量，上层直径九丈（寓意为1×9，隐含阳数1和9），中层直径十五丈（寓意为3×5，隐含阳数3和5），下层直径二十一丈（寓意为3×7，隐含阳数3和7），圜丘三层坛面直径隐含着《易经》古筑法中的所谓全部奇数即阳数：1，3，5，7，9。而三层坛面直径长度之和为9+15+21=45（丈）。[①]三层径数相加等于45丈，符“九五”至尊，既是中正天子之位的象征，又合《易经》乾卦“九五飞龙在天，利见大人”的理论概括，喻示八方四面，空间无限，前路无量，大吉大利。这里，包容全体的博大胸怀与清醒认知在数字的表达中以巧妙的形式完美而和谐地统一起来，令人折服，堪称举世无双。[②]祭天大礼时，读祝官在此诵读献给皇天上帝的祝词，天心石会造成声音嗡鸣的现象，仿佛人神间进行着无间的交流，天人合一的境界由此而达成。

圜丘的两重坛墙内墙为圆形，外墙为方形，上覆蓝色琉璃瓦，联檐通脊。两重墙四面正中均辟棂星门，每组三门，共24座，是二十四节气的象征。棂星，即灵星，又名天田星。《辞海》曰：灵星主谷，祭灵星是为祈谷报功。汉高祖刘邦始祭灵星，后来凡是祭天前先要祭祀灵星。棂星门多用于坛庙建筑和陵墓的前面，门框为汉白玉石造，上饰如意形云纹板，有“云门玉立”之美称。双层围墙和双层云门重重拥立，覆以蓝琉璃筒瓦的围墙不高，只及肩耳，门上云纹飘逸，似乎天上白云触手可及，烘托的是一种踏祥云登临天界的清朗感觉。作为祭天之所的圜丘坛，其最独特之处是以远古露天郊祭为原型，所谓“郊天须柴燎告天露天而祭”。它由三层圆形汉白玉石台叠摞而成，整个造型简洁质朴，上覆天宇下承黄土，披星戴月，“坛而

---

① 王堃：《天坛回音建筑演进轨迹及其文化意蕴》，黑龙江大学硕士学位论文，2008年，第34—35页。

② 王小回：《天坛建筑美与中国哲学宇宙观》，《北京科技大学学报（社会科学版）》，2007年第1期，第157—161页。

不屋”，是人工建筑融入宇宙天地空间的极富想象力的构思。坛四周遍布林木植被，环境肃穆，引人情接蓝天，融入于开放的宇宙太和的广袤境界。象征永恒天道的天坛圜丘四周，由内向外，绕以圆形和方形两层围墙，圆形平面象征着“天圆”，暗示了“神性空间”，也就是苍天；方形平面象征着“地方”，暗示了“世俗空间”，也就是人间，由“圆”和“方”这两个单纯的几何形象，暗示的却是“天圆地方”“苍天、尘世”这一立体的多层次的空间形象。

皇帝每次祭祀时，进入圜丘台外壝南棂星门，映入眼帘的是内壝南棂星门与透过棂星门看到的部分圜丘台。这个空间的地势，南低北高。这里的地势和外方内圆的两道壝墙，营造出了上天下地、天盖地、地托天的空间环境。将中国古人“天圆地方”观念，从“形”到“势”体现得空前绝后。迈进圜丘台内壝南棂星门，一座三层的圜丘台呈现在面前。这里的地势同样是北高南低。正是这北高南低的地势，使只有5.17米高的圜丘台，升高了0.45米，将人的视平线置高在圜丘台下成台束腰上皮条线的上下，再往前走，人的视线也只能与圜丘下成台面大体持平。总之，将圜丘台的各成台面都置位于人的仰视范围之中。仰视的效果是高耸与敬仰，而圜丘台三层圆台的须弥座、层层收缩的三成台体、比中下两成高出0.20米的上成台体、各成出陛因高度不同出现的透视效果、各成洁白的石栏等因素都强化了仰视的效果。仰视效果的强化，又给人们祭天行礼的高高在上的皇天上帝增加了神秘的色彩，促使祭天的人对皇天上帝更加虔诚与敬赖。而皇帝在圜丘上成台面俯视时，一道围绕圜丘台的圆形矮墙，呈现在视野之中。这时，骤然一种身处天穹之顶的空间氛围被古人成功营造。这无疑是将中国古人对天空的直观印象产生的天圆说，在这里运用实物进行营造的证据。[①]

① 杨振铎：《天坛圜丘坛空间序列与氛围的营造》，《北京园林》，2001年第1期，第34—36页。

第四节　皇穹宇建筑中的“天人合一”思想

皇穹宇（图1–2）位于圜丘坛以北，是供奉圜丘坛祭祀神位的场所，存放祭祀神牌的处所。建筑始建于明嘉靖九年（1530），初名泰神殿，嘉靖十七年（1538）改称皇穹宇。初为重檐圆形建筑，是圜丘坛的正殿，清乾隆十七年（1752）改建为今式。之所以把皇穹宇的围墙设为圆形的，是因为在古代中国“圆”代表天，从中可以看出皇穹宇在天坛建筑中的重要地位。皇穹宇殿高19.5米，直径15.6米，木拱结构，檐柱、金柱俱8根，南向开户，菱花格隔扇门窗，蓝琉璃槛墙，东西北三面封以砖俱干摆到顶。两层柱子上设共同的鎏金斗拱，以支撑拱上的天花和藻井，殿内满是龙凤和玺彩画，天花图案为贴金二龙戏珠，藻井为金龙藻井。皇穹宇殿内的斗拱和藻井跨度在中国古建中是独一无二的。殿檐覆盖蓝色琉璃瓦，檐顶有鎏金宝顶，殿墙是正圆形磨砖对缝的砖墙，远远望去，就像一把金顶的蓝宝石巨伞。皇

图1–2　皇穹宇
（图片来源：郝建杰拍摄；时间：2019年）

穹宇配殿，歇山殿顶，蓝琉璃瓦屋面，正面出台阶六级，饰旋子彩画，造型精巧。东殿殿内供奉大明之神（太阳）、北斗七星、金木水火土五星、周天星辰等神牌，西殿则是夜明之神（月）、云雨风雷诸神神牌供奉处。皇穹宇殿前甬路从北面数，前三块石板即为“三音石”。当站在第一块石板上击一下掌，只能听见一声回音；当站在第二块石板上击一下掌就可以听见两声回音；当站在第三块石板上击一下掌便听到连续不断的三声回音。这就是为什么把这三块石板称为“三音石”的原因，也有人专门把第三块石板称为“三音石”。明清时期，人们把“三音石”也叫“三才石”，取天、地、人三才之意，意为回音是“皇天上帝”的回答。第一块石板是“天石”，第二块石板是“地石”，第三块石板是“人石”，人说话就站在“人石”之上，打开殿门，是为了让“皇天上帝”能够听见，即使人说话声音很小，回声也很大，正是“人间私语，天闻若雷”的映照，因此三音石还被称为“天闻若雷石”。

皇穹宇院落周围的圆形围墙，墙高3.72米，厚0.9米，墙的表面直径61.5米，墙身用山东临清砖磨砖对缝，蓝琉璃筒瓦顶，这就是著名的“回音壁”。皇穹宇圆形院落的墙壁自然形成声波反射体，磨砖对缝的砌墙方式使墙体结构十分紧密。当人们分别站在东西配殿的后面靠近墙壁轻声讲话，虽然双方相距很远，但是可以非常清楚地听见对方讲话的声音。这是因为墙面十分光滑，对声波的反射强。皇穹宇独特的声学效应使其被列为中国古代四大声学建筑之一（其他三座分别为山西永济市普救寺莺莺塔、河南郏县蛤蟆音塔、重庆潼南区大佛寺石琴），蜚声海内外。这些声学建筑，正是“人间私语，天闻若雷”的写照，仿佛人间的一言一行，冥冥之中也都有天神明察秋毫，表现出“天人感应”的思想以及“天人合一”的最高哲学境界。

第五节　祈年殿建筑中的“天人合一”思想

祈年殿（图1-3）是天坛的主体建筑，又称祈谷殿，是明清两代皇帝孟春祈谷之所。它是一座鎏金宝顶、蓝瓦红柱、金碧辉煌的彩绘三层重檐圆形大殿。祈年殿采用的是上殿下屋的构造形式。大殿建于高6米的白石雕栏环绕的三层汉白玉圆台上，即为祈谷坛，颇有拔地擎天之势，壮观恢宏。祈年殿为砖木结构，殿高38米，直径32米，三层重檐向上逐层收缩作伞状。建筑独特，无大梁长檩及铁钉，28根楠木巨柱环绕排列，支撑着殿顶的重量。祈年殿是按照“敬天礼神”的思想设计的，殿为圆形，象征天圆；瓦为蓝色，象征蓝天。祈年殿是北京现存最大的木结构圆形古代建筑，也是天坛的标志性建筑。它采用了中国传统的木结构建筑手法，构架极为精巧，整个建筑不用大梁和长檩，而是完全依靠柱、枋、桷、闩支撑与榫卯连接，堪称我国木建筑的一大奇观。祈年殿内环立28根天象大柱，中央4根鎏金缠枝莲花柱称“龙井柱”，象征一年四季；中层12根朱漆柱称“金柱”，象征一年12个月；外层12根檐柱，象征一日12时辰。金柱与檐柱相加为24，象征一年24个节气；龙井柱、金柱、檐柱相加为28，象征

图1-3　祈年殿
（图片来源：郝建杰拍摄；时间：2019年）

天宇二十八星宿；藻井四周有8根铜柱称“雷公柱”，龙井柱、金柱、檐柱、雷公柱相加为36，象征三十六天罡。整个建筑以圆形表达，年、月、日、时，循环往复，无形的时间概念通过建筑空间的有形构造而展现，从而使祈年殿成为祭祀建筑与时空建筑的完美结合，展现了我国古人独特的建筑理念和巧妙的建筑思维。[①]整个建筑以圆形表达，年月日时，循环往复，周而复始。这里，似有还无、博之而不得的抽象时间，以视之可见、立体形象的空间语言展示出来，无形的时间概念通过建筑空间的有形构造被置换了出来。就这样，有限的建筑空间获得了恒久的时间价值，无限而难以捉摸的时间变成了具体而微可以把握的现实操作，时间空间二者相融，构架出一套浑然一体的宇宙时空观。在这样一个往复无限的大殿里祈谷，喻示着天地自然、春生夏长秋收冬藏的律动，正是与人类社会五谷丰登息息相关的律动。把握了这一宇宙时空观和它的节律也就把握了人类自身的命运与脉动。祈年殿这一中国最大圆形木造结构的杰出典范，就这样以建筑的象征语言含蓄地表达出中国宇宙时空观念及其生生不已的律动，圆满圆融，无与伦比。

祈年殿和皇穹宇都使用了圆形攒尖顶，它们外部的台基和屋檐层层收缩上举，也体现出一种与天接近的感觉。

综上所述，天坛的建造充分表现了中国古代社会的政治伦理价值及以神性为中心的文化的特征，天坛的文化是中国古代对于天人关系的认知，也是人与自然关系的表现。天坛建筑整体“天圆地方”布局的宇宙观思想，既表达的是天地的一般概念，又是一个有生动形象和可以实际操作的测天量地的具体方法。天坛内圜丘坛、皇穹宇等建筑都是圆形建筑，象征天。这里的圆不仅指外形上的圆，它还是一种哲学境界，是一种宇宙观。圆是一种生命的流转，蕴含着宇宙万物，循

① 姚安：《美丽北京之天坛》，《北京史研究会专题资料汇编》，2015年7月，第133—148页。

环往复，周而复始，生生不息的运动。通过建筑象征的表达手段，通过一系列建筑制度与祭祀仪式反映出儒家的政治伦理观念，表现出天人之间、君臣之间的等级观念。天坛内三座主要建筑圜丘、皇穹宇和祈年殿及一些院墙都使用圆形平面，象征“天圆地方”。各建筑又用数字来象征与主题有关的各种文化意蕴，阴阳理论，奇数为阳为乾，偶数为阴为坤，天坛为阳，建筑中运用阳之极数“九”，是用风水学说，或科学原理，或二者兼有。天坛建筑的回声现象，象征天帝与尘世凡人俗子的“对话”，或是“有求必应”与“谆谆教诲”，此之所谓“人间私语，天闻若雷”，是“天人感应”思想的体现。天坛建筑色彩以“青蓝”和“赭红”为主，表现出“天青地黄”这一古人对天地色彩的认识。天坛屋顶颜色的设计都是以蓝色象征天空，以此加重了人们进入天坛后对“天”的感觉与敬重。祈年殿为祈求农业丰收，殿内的各种柱子之和又是按照天象建造出来的，分别代表一年四季、一日十二个时辰、一年十二个月、二十四节气、二十八星宿和三十六天罡星；斋宫坐西朝东，屋顶覆以绿色琉璃瓦，象征帝王虔诚敬天，对天称臣。由此可知，天坛是我国建筑史上的瑰宝，是我国传统“天人合一”思想的载体，更是我们中华民族智慧与和谐思想的体现。

第二章

颐和园建筑的和谐艺术

颐和园前身为清漪园，坐落在北京西郊，距城区15公里，占地约290公顷，与圆明园毗邻。它是以昆明湖、万寿山为基址，以杭州西湖为蓝本，汲取江南园林的设计手法而建成的一座大型山水园林，也是我国保存最完整的一座皇家行宫御苑，被誉为“皇家园林博物馆”，也是国家重点旅游景点。清漪园始建于清乾隆十五年（1750），咸丰十年（1860）被英法联军烧毁。光绪十二年（1886），清廷挪用海军经费等款项开始重建，并于两年后取用今名，作为慈禧太后的颐养之所。光绪二十六年（1900）又遭八国联军破坏，两年后修复。中华人民共和国成立后，几经修缮，颐和园陆续复建了四大部洲、苏州街、景明楼、澹宁堂、文昌院、耕织图等重要景区。颐和园是中国古典园林中保存最完好的一座皇家园林，它是中国近代历史的见证，是中国几千年历史文化的载体。颐和园集传统造园艺术之大成，借景周围的山水环境，既有皇家园林恢宏富丽的气势，又充满了自然之趣，高度体现了中国园林“虽由人作，宛自天开”的造园准则。颐和园是对我国风景园林造园艺术的一种杰出的展现，将人造景观与大自然和谐地融为一体，是我国的造园思想和实践的集中体现，而这种思想和实践对整个东方园林艺术文化形式的发展起了关键性的作用，是世界几大文明之一的有力象征。[①]

颐和园是我国古代皇家园林的典型代表，它在建筑、艺术、文化、历史等诸多方面都蕴含着我国古代优秀传统

---

① 颐和园官方网站：http：//www.summerpalace-china.com/channels/19.html

内容，而其中重要内容之一，就是颐和园造园艺术中体现的和谐理念。从中国文化史中的哲学范畴来看，“和谐”一词标志着中国哲学的智慧理念。“和谐”一词在我国各个学派中的含义有所不同：在儒家学派中，“和谐”一词多指“天时不如地利，地利不如人和”或者“以和为贵”的人的本身个体与其他外在客观事物的和谐发展，包括人与人、人与自然、人与社会之间的关系；道家将“和谐”一词理解为人与自然规律、宇宙万物的和谐，弱化人与人、人与社会的关系，强调人与自然的关系；佛家则强调只有人融入自然才能达到和谐统一的本质。尽管“和谐”一词在不同学派中意义有别，但和谐的思想作为我国传统理论精髓的核心价值是恒久不变的。[①]在中国传统建筑范式中，建筑的和谐性深受传统文化哲学的濡染，具有诗意的本真性、审美的直观性、哲理的深远性与生态的持续性。这种“美”将人导向自然生态以及精神文化生态无比丰饶的理想境界，从而帮助受非自然化和精神异化侵害的人们实现双重“补益”和“修复”，是一种最佳意义上的人性复归和人文关怀。[②]

---

① 姜欢笑，王铁军：《和谐之美——论中国传统建筑之文化生态与精神复归》，《东北师大学报（哲学社会科学版）》，2014年第6期，第273—275页。

② 金学智：《中国园林美学》，中国建筑工业出版社2005年版，第176页。

第一节　建筑和谐艺术

古代中国建筑文化思想是一种人与自然和谐共生、感知环境、顺应自然的生态观。我国古典园林从最初《诗经》所记载周文王时期营建宫苑的活动，秦汉两朝的大型宫苑上林苑，南北朝时期私家园林和寺院园林，唐代大型皇家宫苑的一枝独秀和公共园林的启蒙，宋代文人园林与江南园林的兴起，明清私家园林达到中国造园史的最高峰，都在其整体空间营造思维中，运用了顺应自然的主导思想，其精髓是“以境启心，因境成景”的思想。建筑美与自然美的融合，使得建筑渗透着山水自然意趣，为建筑意境的创造准备了优越的条件。象法自然、返朴归真是园林设计的真谛所在。筑池堆山，在春秋时期已初见萌芽，至汉时已形成“一池三山”的模仿。摹写自然是将建筑园林当作沟通人与自然的桥梁，将“仙境”作为园林理想境界，并以“法自然”为创造原则和意向，从而形成了我国园林的基本理论。

颐和园是建构在大地之上的非程式化的艺术，刻意避免礼制性建筑中的拘束，是由繁多和差异而构成的整体谐调，使人无论从哪个角度，都能欣赏到园内景色和景深的变化。颐和园建筑的意境之美，也体现在其所建构出的那种阴阳相映、淡雅幽远、自然含蓄的布局氛围之中，使自然与艺术美达到了高度的融合。建筑空间环境是表现性艺术，呈现出一定的气氛情调，通过与自然山水紧密的联系，在建筑组群内部或庭院空间中，常常叠山理水，引花栽木，营造自然景色。颐和园前山主轴，是由佛香阁、排云殿、智慧海等建筑组成的组群，从整个山水的宏观全局来看，自然景物构成广阔的图底背景，建筑在这里起着点景作用。建筑的空间环境性与意境的“境”的特性先天契合，建筑意象和建筑意境已包含了客体存在和主体感受，历史积淀和文化意蕴，生成机制和“对话”性能。[①]

受儒家美学思想的影响，园林的格局，包括结构的安排、景物的位置、各种建筑物的序列都必须依礼而制，而且要体现一定的乐感。这在皇家园林中表现得特别明显。我国皇家园林一般有一条十分明显的中轴线，而整个园区又有一个明显的中心，这个中心在位置、高度、规划上都统率着景区的其他建筑，象征着皇权的至高无上和君臣礼制。颐和园从后山到昆明湖有一条明显的主轴线，而在这条轴线上又有一个明显的中心，就是佛香阁（图2-1），从它的位置，规模和高度来说，都是所有景区和景点的统摄，象征着君主对万民的统率。从形式上来说，儒家讲求中庸之道和尽善尽美的美学思想，因此皇家园林基本都注重万物的和谐、中正、均平、循环，建筑的布局喜欢用轴

图2-1　佛香阁
（图片来源：郝建杰拍摄；时间：2019年）

① 邵志伟：《易学象数下的中国建筑与园林营构》，山东大学博士学位论文，2012年，第147—151页。

线引导和左右对称的方法求得整体的统一性。[1]另外，继承《易经》以来就有的人与自然界同构相通，互相感应的思想，儒家学说认为自然界与人的伦理道德同构相通，形成了以自然之物比君子之德的“比德”文化。颐和园的景物设置受此思想影响，多种植松竹梅兰一类植物，无论是松的遒劲坚韧，竹的清雅刚直，还是梅的迎霜傲骨，兰的孤高淡雅，都象征着中国传统文化推崇的君子人格，不仅在感官上让游人赏心悦目，更重要的是大大丰富了古典园林的文化内涵。

颐和园在造园的总原则上，以天然景物为基础，即使是改造和模拟自然，也力求还原自然的本色，在布局方面一般不用宫殿的中轴对称手法和完整的格局，而是在师法自然的基础上，采用灵活自由的方式，追求曲折多变，善于通过迂回曲折、山水相间的空间布局来体现自然之美。[2]它不受地段的限制，能小中见大，也可大中见小，通过对大自然及其构景要素的典型化、抽象化、艺术化，通过对山水花木等构园要素的处理而给人们以自然的感受。无论是筑山、理水，还是植物的构配、建筑的营造，都有一个共同的目的，即表现自然之美。颐和园中的假山，尽管是经过人工堆叠而成，但却要仿造天然岩石的纹脉与形状，表现自然山石之美，避免人工的痕迹。对园林中水的安排，园中的水即使是人工开凿，其表现出的形态，仍然以再现自然水体之美为主。颐和园还运用借景的造园技法，把园外远近的山峰冈峦、楼阁塔影、树木花卉都借入园内，成为胜景，以周围大自然的美景陪衬、扩大、丰富园内景致，使园内外景色连成一片，给人一种浑然天成的感觉。颐和园远借西山群峰和玉泉山玉峰塔，不仅使园内的空间界限被打破，极大地扩展了园内空间，而且还使园内的建筑与周围的自然环境有效地沟通、协调。

颐和园前山与后山的设计体现了因地制宜的原则。在自然中万物

---

① 蔺若：《“天人合一”哲学思想对中国古典园林艺术的影响》，《科教导刊（中旬刊）》，2010年第7期，第221—222页。

② 禹玉环：《“天人合一”思想与明清古典园林》，《遵义师范学院学报》，2008年第1期，第17—19页。

都是“负阴而抱阳”。万寿山的后山与前山，便是一阴一阳。乾隆帝有诗句“山阳放舟山阴泊”，这里面蕴含着刚柔、隐显、动静等变化。园林建筑设计正是以这种自然的特点为依据进行构思，使前山与后山的景观在变化中保持统一。从色彩上看，前山富丽，后山朴素；从布局看，前山建筑严整集中，显得庄严，后山自由分散，显得轻松，包括带有江南水乡民间特色的苏州街，增添了后山的轻快的情调；从空间看，前山开阔，后山收敛。从总体看，前山以气势取胜，属阳刚之美；后山以情趣见长，属阴柔之美。所谓归于自然，是指园林艺术的一种很高境界，也就是中国传统美学中的“天趣”、人工与自然融成一片，见不到斧凿的痕迹。例如万寿山原名瓮山，最初并非现在的样子。昆明湖原名西湖，是瓮山西南的一个小湖。清乾隆时为了兴修水利拓西湖，汇集西山诸泉，西湖的湖面向东西扩展，达到南北长1900米、东西宽1600米，是原湖面积的3倍。但乾隆时对西湖的扩展并非只是为了水利，而是和建园结合进行的。西湖扩展后湖山的关系在格局上有很大的变化。湖面扩展后，以湖中挖出的泥土，加宽了万寿山的东侧。使万寿山的主峰与湖面由原来的错位，变得协调起来。万寿山中轴线建筑，正面向湖面，与南湖岛上龙王庙遥相呼应，龙王庙成为万寿山中轴线的延伸。这些设计都是人为的，却没有雕凿的痕迹。这就是“虽由人作，宛自天开”。[①]

从轴线来看，颐和园由宫殿区、前山区、万寿山区、后湖区、昆明湖区等几区组成[②]。主要建筑群位于万寿山中轴线上，在靠近南面昆明湖的一侧，布局对称，体量庞大，成为全园中心。为取得和谐的呼应，沿着中轴线向南，直到昆明湖中小岛处，建造十七孔桥（图2-2）和八角亭，也采取较大体量。其余建筑体量都较小，这样做不仅强化了中轴线，更重要的是没有破坏自然本来的风貌，几乎完美地

① 杨辛：《美在和谐——颐和园的园林艺术》，《中国紫禁城学会论文集（第二辑）》，紫禁城出版社2002年版，第211—216页。

② 张姣影：《中国皇家园林空间中的轴线浅析》，《中外建筑》，2008年第6期，第66—67页。

做到了自然与人工的和谐。颐和园的中轴线运用十分巧妙，它不仅没有破坏自然，反而使自然得到强化。建筑气魄宏伟，又体现出帝王的权威。在中轴线上，建筑由高到低排列，进一步强化了中轴线和帝王的权威。全园以这条中轴线为中心展开，被分成了四个部分：东部居住区，布局严谨；中部中心区；后山部分；南部湖区。这四部分按使用性质分开，各具不同的功能。四部分对比就可以明显看出中轴线的重要地位，在中轴线上的建筑体量庞大，很有气势，而其余部分的建筑都很小。

图 2-2　昆明湖与十七孔桥
（图片来源：郝建杰拍摄；时间：2019 年）

颐和园的建筑布局集中体现了传统建筑的艺术成就，以对称性布局着意渲染了建筑群的中轴线，以音律般的起伏跌宕表现出了中轴线上各种建筑实体的组合所创造的一个完整而富于变化的空间序列。以排云殿院落为例进行说明。排云殿院落的空间序列以殿前广场南面的“云辉玉宇”牌楼作为“前奏”，往北经排云门、二宫门两重院落而过渡到排云殿，并以之作为“主题”；再经由德辉殿的衔接和石台的陡然升起，上达于巍峨高耸的佛香阁，则构成整个空间序列上的“高潮”。阁之后，循叠石磴道经琉璃牌楼的过渡而结束于山顶的智慧海，是为“尾声”。这般前奏、主题、高潮、尾声相结合的山形地貌，因势利导地连贯为一曲节奏强烈的凝固乐章，为“建筑是凝固的音乐”之比喻提供了一个绝好的例证。主体建筑佛香阁形象华丽璀璨、体量巨大，凌驾于一切之上，使整组建筑群的立体轮廓和层次变化十分突出，这与传统建筑之单纯讲究平面布局的空间序列大不一样。排云殿院落利用山体自然形势，从山脚到山顶，劈山为径，精心布局，一步一阶，直到极顶。整个山径虽然曲曲折折，但总有一条自下而上的“轴线”贯穿着。在三曲九折的山路上，沿途布置了登山牌坊、参天亭阁等。而山顶的佛香阁则是主体建筑。一步一阶的山路既是一条宗教香道，也是一条游览通道，将沿途散乱无序的自然空间变成曲折幽深、节奏鲜明、景观丰富、序列完整的宗教空间和园林空间，空间的内涵得以凝练和升华。[①]

封建专制统治皇家文化最突出的表现为皇权至上、君权神授，在园林建造中通过对建筑分级、色彩分等来表现皇家文化。颐和园的宫廷区设在前山南侧紧接园的东宫门，是由仁寿殿以及两侧配殿、内外朝房、值房等三进院落组成的严整又均齐的建筑群，节奏整齐，等级分明，突出了封建皇权的无上至尊。颐和园建筑中常见到重檐庑殿式、重檐歇山式屋顶的高等级建筑形式，以及只有宫殿和皇家大庙等才能使用的琉璃瓦。从色彩上更是彰显浓重的皇家文化氛围，皇家园林建筑多用黄色、绿色、蓝色、红色等高识别度的色彩。[②]

建筑彩画是中国的传统工艺，最初的彩画工艺实际上是为了木结构防潮、防腐、防蛀，是针对古建筑采取的一种保护性措施。到封建社会发展阶段，彩画逐渐形成中国古建筑上的一种装饰，呈现不同时代的特征，且体现出建筑的等级。颐和园的彩画属于苏式彩画。苏式

① 朱利峰：《北京古典皇家园林庭院理景艺术分析——以颐和园排云殿院落为例》，《北京社会科学》，2011年第3期，第79—85页。

② 陈媛媛，孟斌，付晓：《中国皇家园林建构中的文化地理要素表达——以颐和园为例》，《北京联合大学学报》，2016年第4期，第23—28页。

彩画源于江南苏杭地区民间传统做法，故名，俗称“苏州片”。明永乐年间营修北京宫殿，大量征用江南工匠，苏式彩画因之传入北方，成为与和玺彩画、旋子彩画风格各异的一种彩画形式，它常常使用在园林建筑上，给人以无限遐想。颐和园作为皇家园林，其彩画是官式苏式彩画中的精品，彩画主要绘制于休闲场所中的亭、阁、轩、榭、垂花门、游廊等处。在颐和园，除长廊的彩画之外，园中其他区域的公共空间中也多见苏式彩画。颐和园的苏式彩画在表现题材上则更加多样，囊括了文人、民间、宗教三种传统艺术题材。文人艺术题材是通过艺术的表现手法，将人物、山水、花鸟、线法四个内容互相交替排列，并用各种画框分隔，绘制在同一建筑上。同时由于文人对“文房四宝”的喜爱，颐和园苏式彩画中博古内容的出现，更是表达了文人的审美趣味。另一大艺术题材为民间题材。彩画匠师大多来自于民间，备受民间文化熏陶。他们通过艺术创作手法，巧妙地将家喻户晓的民间故事和戏剧人物故事组合在一起，并表现于长廊的包袱彩画作品中。宗教艺术题材则是取材于中国古典四大名著以及神话故事、戏剧片段、成语故事等。①颐和园苏式彩画的表现手法装饰性强、纹饰清晰，主要采用传统工艺画法，最具特色的表现技法同样也为“线法”，但在纹饰和工艺表现上比较自由。其中包袱彩画的技法主要是落墨搭色、硬抹实开、兼工带写等，线法也运用颇多，体现出了皇家园林的绚丽丰饶。

① 邹铭：《基于公共环境的中国古代经典苏式彩画的浅析——以故宫和颐和园为例》,《艺术与设计（理论）》，2018年第10期，第114—116页。

第二节 亭的和谐艺术

颐和园的亭子有50余座，其布局位置巧妙[①]。如位于前山西部山脊的湖山真意亭，立于山巅，视野开阔，宜极目远眺，同时构成优美的天际线。重翠亭、含新亭、餐秀亭、廓如亭、荟亭等位于道路交叉口、转折之处或行进方向上有景观突变之处，为行人提供休息之处，可多面观景，不仅提示转折，且能提高游人兴致，丰富景观。谐趣园内的知春亭，借助水的特性营造环境气氛，表达观鱼戏而知春之意。长廊四亭置于廊间，可打破线性空间的单调或突出转折，提示空间序列的开始或结束，增加组群的起伏变化，丰富景观。位于西堤之上的柳桥、练桥、豳风桥、镜桥、荇桥等5座桥亭，形态各异，四面空阔、八方无碍，亭柱间的雀替样式均趋于一致，借景与框景等造园艺术形式得到了很好的体现，达到“收之亭柱间，宛如镜游也”的效果。[②]

亭子在我国园林的意境中起到很重要的作用。意境是指一种能令人感受领悟、意味无穷却又难以用言语阐明的意蕴和境界。意境是形神情理的统一、虚实有无的协调，既生于意外，又蕴于象内。颐和园内各个亭子以空间环境为主体。与普通建筑不同，古亭并非实体，而是四面空灵，更多的是强调其内部与周围环境之间的联系，并通过建筑造型的外在形象，在周围空间中起到点睛作用。一个屋顶，几根柱子，中间是空的。它的作用就在于能把外界大空间的景象吸收到这个小空间中来。元人倪瓒有诗：“江山无限景，都取一亭中。”可以看出，亭子的空间意境在于，为了使游览者从小空间进到大空间，也就是突破有限，进入无限。又如元代诗人元好问在《横波亭为青口帅

① 张龙，吴琛，王其亨：《析颐和园的景观构成要素——亭》，《扬州大学学报（自然科学版）》，2006年第2期，第57—60页。

② 张园园：《颐和园亭桥的艺境美分析》，《古建园林技术》，2015年第4期，第34—37页。

赋》里面有："孤亭突兀插飞流，气压元龙百尺楼。万里风涛接瀛海，千年豪杰壮山丘。"从诗句中可以看出，在自然风景中建造亭，点缀了环境，体现出深厚的空间意境，抒发了作者的感情。如颐和园中的"画中游"亭，意为外面的空间好像一幅大画，人进了这个亭，也就进入了这幅大画之中。人为什么能"入画"？是因为亭子内外空间相互渗透，使人虽处亭中，却与整个风景融为一体。[①]

颐和园的亭不仅仅是人们休闲游憩、驰目清心的胜地，而且还是诗人雅士凭栏骋怀、吟咏题赋的妙境，给人以幽闲、逸乐、遐思和美好、安宁、和谐的感受，陶冶人们情操，具有深刻的文化内涵。由于亭的文化特性，古代的文学家们，与亭结下了不解之缘。他们会题诗作赋，深化对亭的理解，给人们更多的内在感受。位于乐寿堂后山坡的含新亭，是一座六角重檐攒尖小亭。始建于乾隆年间，现存的为光绪年间重建。含新亭之名取"景物常新"之意，是早先清漪园一景，乾隆皇帝常在此逗留，并在附近的山崖上题写了"小有趣"三字。乾隆三十五年（1770）还作诗云："万物含新亭亦含，东皇神运地天参。设如此拟华严海，只作寻常儿戏谈。"据统计，乾隆帝为含新亭共作诗15首。

颐和园的亭又有生动的建筑意境。颐和园古亭的建造都富有生动的建筑意境，能够体现"寓情于景，情景交融"的境界。其在建造中，往往使得人在细腻的观察感受和情感色彩的体会中，感受到一种物我交融的"意境"境界，达到身有所感，心有所悟。这些亭通过外界景观与深厚的文化内涵，来激发观赏者的想象力，含而不露地把人引入一种在直接感受的形象之外，呈现出丰富想象的艺术境界。如从昆明湖东岸通过一座小桥有一小岛，岛的中心坐落着全园最佳的知春亭。它造型优美，它的动人所在是环境。它四面环水，周围满是绿叶红花。每当春风从东南吹来，驱走冰雪严寒，知春亭就像报春的使

① 徐斌：《中国传统园林中的亭》，《湖南农业大学学报（社会科学版）》，2000年第4期，第82—84页。

者，迎着风欣然屹立，以它那动人的姿态向人们报告着春天的消息。站在亭上向远处望去，四周景色尽收眼底，令人陶醉。又如草亭位于颐和园万寿山后山东部半山腰上，是一个简陋的小木亭子，与富丽堂皇的皇家园林格格不入，是庚子国变慈禧太后逃亡回来后，因怀念恬静的农村生活而建。

由上述论述可以看出，颐和园的亭在造型艺术、人文及建筑意境等方面体现了和谐思想。这种和谐表现为人造景观与自然景观的和谐，自然之美与人的审美意识的和谐，以及亭的建筑艺术与园林整体环境的和谐。

第三节　桥的和谐艺术

颐和园里的桥精美、奇特、种类繁多，造型各异，工匠们几乎将我国桥的艺术全都移到颐和园里来了。颐和园里的桥分布在前湖区、前山区、后河区、谐趣园区，形式丰富，有水桥、旱桥；有石桥、木桥；有短桥、长桥；有单孔桥、多孔桥；有直桥、折桥；有平桥、亭桥；有廊桥、轩桥；有高桥、矮桥；有名桥、无名桥，还有闸桥……不一而足。

比较知名的如十七孔桥是园内最长的一座桥。玉带桥是西堤上唯一的高拱石桥，桥身用汉白玉和青白石砌成，洁白的桥栏望柱上，雕有各式向云中飞翔的仙鹤，雕工精细，形象生动，显示了雕刻工匠们的艺术才能[①]。荇桥是颐和园后湖的西起点，桥上置双层四角方亭，桥墩两端有石狮，设计和建造很有特色。

颐和园桥的实用功能方面，通过桥的分隔增加整个园林空间的层次；同时，桥自身"虽断不断，似连非连"的空间形态使得环境与建筑融为一体。桥曲折有致地连接山水，并结合周围山石、水景使得整个区域的景物和空间层次变得丰富。桥与建筑的对比亦可衬托出皇家建筑的宏伟。

桥作为建筑小品还可以丰富和点缀园林空间。颐和园中的桥在园中不是一个独立的物体，它可以借园内外的景物衬托、扩大、丰富园内的景致，使园内外的景色连成一体，交相辉映。如十七孔桥，可借广阔的昆明湖延伸其纵向的空间感，在增添园林情趣的同时也与整个园林环境融为一体；绣漪桥高耸的桥洞贯穿着两侧的景色，通过桥洞，从西南侧望向东北方向，衬托出万寿山的雄伟和昆明湖的广阔。颐和园中的桥通过借景这一园林表现手法扩大了颐和园有限的空间，使人工营造的物质环境和万寿山、昆明湖等自然环境融为有机的审美

---

① 农夫，贾建新：《颐和园的桥》，《绿色中国》，2015年第4期，第66—67页。

的整体。当游于颐和园，桥所带来的高低落差会平添不少乐趣；或站或坐于亭桥上，从亭上的彩画，石桥上的雕饰中可以感受到艺术的魅力和乐趣。坐在颐和园西堤的亭桥上，远可观万寿山佛香阁的宏伟，近可感受西堤垂柳的妩媚；休憩于谐趣园知鱼桥边，既可赏荷，又可戏鱼；游走在十七孔桥上，抚摸着栩栩如生的石狮，可以感受到皇家园林的宏伟气势，心中便豁然开朗。[①]桥作为沟通游览者与颐和园景观的纽带，使得二者之间达到了和谐统一。

① 吴婷：《北京颐和园景桥的美学价值研究》，北京建筑大学硕士学位论文，2017年。

第四节　园林小品的和谐艺术

在颐和园的天人之和中还包含了各种艺术之和，在颐和园中各门艺术有机结合在一起，形成诗情画意，有建筑小品、绘画（彩画）、书法（匾额、楹联）、雕塑（佛像、瑞兽）、假山、植被等。这些园林小品巧妙地点缀着颐和园的景观，使得皇家园林的特性、自然环境、参观者的心理需求形成多方面的和谐与统一。

颐和园长廊，像一条长龙横卧在万寿山南麓，面向昆明湖，是连接山水的纽带，总长度728米，共273间，以排云殿为中心向东西延伸。东起邀云门，西止石丈亭。两边建有“留佳”“寄澜”“秋水”“清遥”四座重檐八角亭子，布局严谨，富于变化。长廊构造奇异，它的地基随万寿山南麓地势高低而起伏，走向以昆明湖北岸的弯曲而变化。人们在廊内游览，却并无起伏曲折的感觉，这是人工环境与自然环境和谐的体现，也是我国古代工匠大师们的一个杰作。长廊之上，雕梁画栋，一幅幅斑斓的苏式彩绘，绚丽多姿，风采迷人，绘有图案1.4万余幅，有园中牡丹、池上荷花、林中飞鸟、池下游鱼、亭台楼榭、湖光山色，跃然梁上。绘制的仙鹤画，500多只形态各异，栩栩如生，据说只能找出3只相同的。[①]而这些生动有趣的苏式彩画，其内容与颐和园的园林环境形成和谐统一。需要说明的是，苏式彩画是我国清代彩画的主要类型之一，其主要特征是在建筑开间中部形成包袱构图或枋心构图，在包袱、枋心中均画各种不同题材的画面，如山水、人物、花卉、走兽、鱼虫等，成为装饰的突出部分。

颐和园全园共有室外匾额308块、楹联132副。而其中与植物景观意蕴有关的室外匾额为45块，占总匾额的14.6%；室外楹联55副，占总楹联的41.7%。[②]而植物景观则是园林建筑的重要表现形式之一。

① 沈于华：《天下第一廊——颐和园长廊》，《园林》，1995年第2期，第10页。

② 夏成钢：《湖山品题——颐和园匾额楹联解读》，中国建筑工业出版社2009年版。

这些楹联寓意丰富，有体现颐和园本身“湖光山色，丹青画境”意境的，如介寿堂的楹联“园中草木春无数，湖上山林画不如”、养云轩的楹联“天外是银河烟波宛转，云中开翠幄香雨霏微”；有体现乾隆皇帝“草依木伴，物我相融”意境的，如玉澜堂内的楹联“清香细裛莲须雨，晓色轻团竹岭烟”，“障殿帘垂花外语，扫廊帚借竹梢风”；有体现乾隆皇帝“锄禾观稼，心系农桑”意境的，如玉澜堂内的楹联“霏红花径和云扫，新绿瓜畦趁雨锄”；有体现乾隆皇帝“古木齐寿，繁花同福”愿望的，如清华轩的楹联“梅花古春柏叶长寿，云霞异彩山水清音”，梅花古春代表春季常在，柏叶长青代表延年益寿；有体现乾隆皇帝“君子比德，国富太平”意境的，如松春斋的“丹蕖宝露呈甘液，翠蒲珠云擢秀苞”便是用荷花赞颂君王高洁圣明。除了品德高尚，皇帝更是希望江山永固。近西轩“千条嫩柳垂青琐，百啭流莺入建章”，岸边垂柳掩映，排云殿、佛香阁若隐若现，将流莺比作黎民百姓，勾勒了一个民心所向的太平盛世。①这些楹联的内容及寓意与帝王的心境，与颐和园的景观形成了完美的和谐统一。

颐和园内有较多的佛造像，并围绕之建成的佛教建筑。如佛香阁建筑在万寿山前山高20米的方形台基上，南对昆明湖，背靠智慧海，以它为中心的各建筑群严整而对称地向两翼展开，形成众星捧月之势，气势相当宏伟。佛香阁后坐落着琉璃牌楼“众香界”和无梁殿“智慧海”。众香界牌楼坐落在汉白玉须弥座上，四柱七楼，面阔3间，有3个拱形门洞，歇山顶，黄色琉璃瓦屋面。智慧海是一座二层仿木结构建筑，面阔5间，歇山顶，正脊上有5个塔囊。智慧海全部用砖石发券砌成，不用枋梁承重，又称“无梁殿”，外墙全部用黄、绿两色琉璃瓦装饰，屋顶则间以紫、蓝诸色，墙面上还嵌有一排排精致的琉璃小佛像，显得极为富丽堂皇。颐和园中的佛教建筑较多，其主要原因一方面在于景观的需要。事实上，园林和寺庙自古以来始终

① 石渠，李雄：《北京清代皇家园林匾额楹联文化意蕴与植物景观研究》，《中国风景园林学会2017年会论文集》，中国建筑工业出版社2017年版，第531—536页。

存在着一种相辅相成、相得益彰的关系。世俗统治阶层兴建园林，常常寄兴山水，闹处寻幽，宗教统治者经营寺庙，往往结庐名山，不入世尘，虽然一为政余消闲，一为遁世清修，但殊途同归，最终都走向了自然山水，从而使园林与寺庙显得密不可分。虽然有园林处未必都有寺庙存在，但至少可以肯定，中国历史上没有不包含宗教建筑的园林。另一方面在于政治信仰的需要。宗教作为一种社会历史现象和意识形态，是人们面对难以把握的自然、社会与人生问题时的精神依托和归宿。由于它所强调的生死有命、富贵在天以及因果报应等观念与历代封建统治思想都能找到契合点，逐步形成了"君权神授"的传统统治思想。君权神授思想的核心内容是：世俗帝王的权力是由神（天）授予的，帝王是"天之子"，是在替天行事。这种思想使宗教神权和帝王皇权之间形成了不可分割的关系。[①]乾隆帝信奉佛教，因而颐和园中围绕佛教建造的建筑的存在，是乾隆帝的自然观与人生观形成和谐的体现方式之一。

颐和园的十七孔桥是连接昆明湖东岸与南湖岛的一座长桥。桥由17个桥洞组成，长150米，飞跨于东堤和南湖岛，状若长虹卧波。其造型兼有北京卢沟桥、苏州宝带桥的特点。桥上石雕极其精美，每个桥栏的望柱上都雕有神态各异的狮子，大小共544个，有的母子相抱，有的玩耍嬉闹，有的你追我赶，有的凝神观景，个个惟妙惟肖。狮子作为辟邪物，用于镇宅避邪。狮子作为百兽之王，是权势的象征。狮子作为神兽，是神圣的代表。十七孔桥上的狮子形象，是护卫桥、皇权象征、艺术造型等多种表现形式的和谐统一。

颐和园秀石满园，奇岩林立。园内设岩置石构思巧妙，独具匠心，选址得当，造型奇趣。喻人、喻物、仿舟、造桥丰富多彩，变化多端。这种"比拟联想，赋意于景，景意交融"的手法达到了"片岩成景，寸石生情"的艺术效果。[②]如走进东宫门，可见两座台石（置

---

① 王鸿雁：《清漪园宗教建筑初探》，《故宫博物院院刊》，2005年第5期，第219—245页。

② 崔广振：《颐和园美山湖石》，《化石》，1990年第4期，第14—16页。

于基座上专供观赏的一种造型石景），左右对称，班立于仁寿门前，高约3米，色青灰，颇似两只雄狮，那微微颔首的神态似乎在迎接游人。跨入仁寿门，迎面又一座巨型台石，高7米，宽2米，形似冲天巨龙，雄伟端庄，气势凛然，给人威严之感，曰“巨龙腾空”。它身后两侧有4座台石，高约4米，造型各异。这石座台石拔地而起，威武高峻，又立于仁寿殿宝座之前，故统称“五龙镇宝”。又如园中的青芝岫，原产于北京房山，由明代品石家米万钟访得，他倾其所有才将石运到良乡，并因此被参丢官。在清代，乾隆皇帝谒西陵路过此地，见石生情，命将石运至清漪园，取名青芝岫。此石长不过丈余，高不过数尺，通体灰中透绿，石质莹润，躯体平卧，如昆仑横亘；肌理（纹路）耸曲，似黄河倒悬。刚柔相济，动静相宜，外表平淡无奇，内涵深邃高远，遍观众石，达此境者无比。[①]再如排云殿门前两侧，摆放着十块太湖石和两块虎皮石，被称之为十二生肖石。据说，这是慈禧太后的贴身太监李莲英为了讨好太后老佛爷，而特意从畅春园弄来的。这十二块石头，三个一组，分别排列在排云门外的两侧，像老佛爷手下的官员，规规矩矩地站在那里，听候指示似的。所以，人们又管这些石头叫作“排衙石”。它们精美别致，形态各异。从不同角度仔细观赏，反复意会，就会感到它们形象逼真，韵味无穷。

颐和园中有大量植物，它们是颐和园景观的重要组成部分。植物具有防风固沙、吸附尘土、减弱噪声、改善环境的作用。由于种类繁多，色彩丰富，抗逆性强，地被植物常应用于园林绿化的绿地中。植物既可以独立成景，又可以与其他植物配合，以其花朵、果实、叶形等独特、丰富的生物形态点缀在山坡上，与建筑、山水相互映衬，营造出层次丰富、季相活跃的景观，为游客带来愉悦的感受，并营造出园林整体的自然和谐的氛围（图2-3）。[②]以谐趣园为例进行说明。由谐趣园西侧园门入园，穿廊过亭，由西向东前进，可倚栏观水，水中遍

① 巩辉：《品石三味》，《石材》，2001年第2期，第39页。

② 佟岩：《颐和园地被植物的现状与应用》，《北京园林》，2018年第2期，第53—58页。

植，细雨蒙蒙，叶上晶莹剔透的雨珠，仿佛翡翠盘上装满了钻石。而后向北折行至“洗秋亭”“饮绿亭”，岸边种植垂柳，柳斜且枝垂及水面，掩映其后的知鱼桥。沿岸荷花成片种植，配合块石的驳岸，尽显自然之趣。知鱼桥上凭栏而望，可见池对岸的主体建筑涵远楼，楼前亲水平台上也种植这垂柳，与对岸“饮绿”旁的垂柳互成对景。涵远楼后的山坡上散植着槐树、柏树，后山的槐柏映衬着涵远楼。过知鱼桥至知春堂，堂前两侧对植垂柳，柳如画框，知春堂如画，建筑与植物相辅成景。“小有天亭”与“饮绿”对望，从“小有天”观望，前景有垂柳，中景有“饮绿”，园外远山丛林呈远景。北岸西行过“兰亭”至主体建筑涵远楼，站在楼前南望，近处是一片荷花，远处是小雨中水汽氤氲的远山。涵远楼西侧是一出水尾，周边丛植着一片竹林，雨打竹叶，沙沙作响，分外地安逸且富有野趣。[①]

图2-3　颐和园内的荷花
（图片来源：作者拍摄；时间：2018年）

① 韩羽：《植物造景浅析——以北京颐和园的谐趣园为例》，《现代园艺》，2017年第2期，第113页。

第三章

四合院的和谐思想

院落是我国传统建筑的重要组成部分，“有宅必有院”的建筑思想一直延续了几千年。我国古代字典《玉篇》卷十一对院落的定义是“周垣也，或作院”，即院落是由墙体围合而成的空间。《辞海》中对院落的释义为“四周有墙垣围绕，自成一统的房屋和院子”。“四合院”一词中，“四”是指正房、倒座儿、东西厢房；“合”是指围合，即四个主要组成部分围合而成的整体空间。建筑布局采用“中轴对称，前堂后室，左右两厢”的形式。

四合院历史悠久，早在三千多年前的西周时期就有完整的四合院出现。陕西岐山凤雏村周原遗址出土的二进院落建筑遗迹，是一座相当严整的四合院式建筑，由二进院落组成。中轴线上依次为影壁、大门、前堂、后室。前堂与后室之间用廊子连接。门、堂、室的两侧为通长的厢房，将庭院围成封闭空间。院落四周有檐廊环绕。房屋基址下设有排水陶管和卵石叠筑的暗沟，以排除院内雨水。屋顶已采用瓦。这组建筑规模并不大(南北通深45.2米，东西通宽32.5米)，却是我国已知最早、最严整的四合院实例。到了汉代，这种四合式院落的发展已很普遍。成都出土的东汉画像砖上的庭院，很明显地看出四合院的格局。汉代有钱人的宅第常有前堂、后寝、大门、中门以及楼、阁、室、井、灶、庑、圂等内容，由一个或多个四合式院落构成。在汉明器中还可看到坞堡式四合院落，隋、唐时期四合院式宅第的史料更加丰富，无论从绘画、明器，还是壁画、绢画中，均可看到这种四合院式宅第。至于宋代留下的有关四合院式住宅的资料就更多了。无论是宋画《文姬归汉图》中的大型住宅，还是王希孟《千里江山图》中的中小型住宅，都可以看出四合院式的格局。可见，四合院这种居住建筑形式的形成和发展，在我国已有三千多年的历史。

北京的四合院历史可追溯到元朝。元代刘秉忠依据《周礼·考工记》“匠人营国，方九里，旁三门，国中九经九纬，经涂九轨，面朝后市，左祖右社”理念，对元大都进行了整体规划。元末熊梦祥所著《析津志》载：“大街制，自南以至于北谓之经，自东至西谓之纬。大街二十四步阔，三百八十四火巷，二十九衖通。”这里所谓“衖通”就是我们今天所说的胡同，而胡同与胡同之间则是供臣民建造四合院的地方。元建大都城时，街巷横平竖直，大街阔二十四步，小街阔十二步，以皇城内宫殿、园囿为核心，排列着一条条小巷，这些小巷就是胡同。北京的胡同多是东西走向，这也是元代开始奠基的。元代为鼓励在都城内建造民房，元世祖忽必烈颁诏，让金中都旧址居民，特别是有钱的商人和有官职的贵族到大都城内建房。同时还规定建房者可以占地八亩。这一政策，使元朝统治者及贵族大批迁入城内，并出现规模建造院落式住宅的现象，使院落式民宅以它独特的营造方式得以完善。元代四合院目前在北京已无实物，唯一能供参考的就是在元大都旧址上发掘出来的后英房元代住宅遗址。这座遗址所反映的院落布局、开间尺寸、工字厅、旁门等内容，与历代的四合院十分相似，说明元代四合院与历代居住建筑间密切的承袭关系。除去这个例子之外，从著名的山西黄城县永乐宫纯阳殿元代壁画中也可看到元代四合院住宅建筑的格局和形式。

明王朝建立后，社会经济得到较快发展。明都城从南京迁到北京，并分别从浙江、山西等处迁进数以万计的富户，从而有力地推动了北京经济的发展。在明代，制砖技术空前发展，这也促进了建筑业和住宅建设的发展。这个时期出现的《鲁班经》《三才图会》等书籍，说明明代不仅宅第建设的实践活动十分活跃，而且有道论方面的指导。

清代定都北京后，大量吸收汉文化，完全承袭了明代北京城的建筑风格，对北京的居住建筑四合院也予以全面继承。清王朝早期在北京实行了旗民分城居住，令城内的汉人全部迁到外城，内城只留满人居住。这一措施客观上促进了城外的发展，也使内城的宅第得到进一步调整和充实。清代最有代表性的居住建筑是宫室式宅第，这就是官僚、地主、富商居住的大中型四合院。称之为宫室式宅第，主要是因为它在规制、格局方面承袭了古代宫室建筑的特点。这种大中型四合院均设有客厅、饭厅、主人房、用人房、车轿房等建筑，院落二三重乃至多重，气派而豪华。清代四合院在北京的遗存很多，至今仍在沿袭使用，成为当今北京古都文明风景线的重要内容。

北京四合院是我国古代诸多传统民居形式中颇具有代表性的一种。它集各种民居形式之长，在华夏诸种民居建筑中堪称典范。它的这些特点的形成，与北京作为六朝古都的特殊政治地位是分不开的。长期居住在北京这块土地上的各朝代贵族、士大夫阶层对家居环境有着相当高的要求，这就从各个方面促进了北京四合院的发展与完善；加上北京地区的地理位置、气候特点和传统民俗，共同构成了北京四合院独具特色的传统民居建筑文化。

第一节　四合院的基本组成

四合院是我国的一种传统居住建筑形式，至少有三千多年的历史，在中国各地有多种类型，其中以北京四合院为典型。以北京的四合院建筑而言，一般认为源于元大都的城市规划。在规划中，以胡同为城市的基本通道，而组成胡同的建筑，则是四合院。四合院由一系列建筑围合而成，像一个盒子。四合院的四边为建筑或墙体，中间为庭院。从平面形状来看，四合院建筑为长方形，整体形制规整，建筑根据中轴线呈基本对称布置，其中南北向的轴线为主轴线，东西向的轴线为副轴线。从使用功能来看，四合院具有非常私密的特点。每个院落独成一体，院内各建筑之间则通过廊道联系，院内与院外之间有院墙，关上院墙门则形成一个封闭的私密空间，非常有利于家庭的居住。北京典型四合院形式见图3-1。四合院可由一个或多个院落组成。

图 3-1　典型的四合院建筑模型
（图片来源：作者拍摄；时间：2017 年）

（一）一进院落：简言之就是仅有一个院子的四合院，规模较小。一进院落由正房（北房），东、西厢房，南房（倒座儿房）围合而成，宅门开设在东南方向，宅门内有影壁，以遮挡院外行人的视线。正房也称上房，在四合院中的等级最高，一般位于四合院北侧正中。在四合院所有的建筑中，它的体量最大且装饰级别最高。正房一般坐北朝南，采光通风良好，为一家之主或长者居住的地方。正房两端一般还有耳房。耳房位于正房两端，左右对称，犹如人的头与两耳的关系，因而被称为耳房。耳房要比正房低，体量亦比正房小很多。耳房的前檐有一小块空地，可称为“露地”。厢房级别低于正房，位于院落里的东西两侧，一般为子女居住。厢房中，坐东朝西的称为东厢房，坐西朝东的称为西厢房。其中，东厢房的级别要高于西厢房。在高度上，东厢房略高于西厢房。厢房也可设有耳房，但屋顶形式一般为平屋顶，称为“盝顶”。在四合院中，南房坐南朝北，因此又称为“倒座儿房”。倒座儿房在四合院中是级别最低的建筑，在古代一般为男仆的居室。其后檐墙应该是临街或临胡同，因而大门位置一般与倒座儿房的后檐墙齐平。影壁又称“照壁”“照墙”，是一种墙壁，可位于大门入口内，以遮挡视线，保护院内隐私。影壁还可位于大门外，与大门相对而建，阻挡院外行人的视线，使其不能看到大门内的情况，以保护四合院内建筑、人物行为的隐私。

（二）二进院落：即有两个院子的四合院，见图3-2。北京四合院的院落围合以四面房屋的后山墙为主，断开处以短墙相接，最大限度地节约了建筑材料和宅基地面积。中心庭院从平面上看基本是一个正方形，院中的东、西、南、北四个方向的房屋各自独立，又拉开一定距离，再由转角处的游廊和房屋前的檐

图3-2　二进院落模型
（图片来源：作者拍摄；时间：2017年）

廊将其串联起来，显得疏朗而不分散。而且普通官和居民的住宅皆为平房，高度较低，就更显得院落宽敞，阳光充足，视野宽阔。细心观察，北京四合院房屋的净高都不是很高，而院落都比较宽敞。为保证四合院落的整体外观封闭，一般可将前院厢房的后檐墙向北延伸，建成院墙形式。另外，后院可以是包括正房和厢房，也可以是后罩房。后罩房一般为大户人家所有。后罩房位于四合院中的最后，即为正房背后。后罩房一般由家中的女眷或未出嫁的女子居住，亦可为女佣的居室。后罩房亦可做成二层楼房形式，称为后罩楼。为保证前院与后院的相对独立性，前院与后院之间可设置隔墙，隔墙可开圆形门洞作为出入口，这种圆形门洞称为月亮门。除了月亮门形式外，还可用垂花门形式。垂花门是带有垂柱装饰的大门。一般的大门，两端有柱子时，柱底落地，而垂花门的柱子则为悬空，且在下垂的柱头部位，做出花瓣或吊瓜状，因而被称作“垂花”。在四合院中，垂花门主要用来连通内院与外院。垂花门以外算外院，主要用来接待客人，以内称为内院，一般不允许外人进入，即俗语中“宾不入中门”。垂花门两端都有滚墩石。滚墩石是一种富有装饰性的稳定性构件，主要用于固定垂花门。滚墩石中间要凿穿成透眼，以便垂花门两端的木柱从中插入，并使得滚墩石发挥稳定作用。

（三）三进院落：三进院落分为前院、中院、后院三个部分，见图3-3。三进院落在二进院落基础上，向北延伸发展而成，其最后的院落可为北房、厢房形式，亦可做成后罩房形式。前院与中院一般采取垂花门、月亮门形式出入。中院与后院之间可采用在中院北房正中开设通道，或者从中院东耳房开设通道进入后院。后一种通道可做成廊子形式。三进院落的四合院已具备一定规模了。廊子是古建屋顶下面的过道，或者是单独的有屋顶的通道。其中，柱间具有装饰功能的细木构件称为楣子，包括坐凳楣子和倒挂楣子。坐凳楣子安装在地面上，可供休息；倒挂楣子安装在屋檐下，主要起观赏作用。

（四）四进院落及其他：四进院落在三进院落基础上进一步沿纵向扩展，形成四个相对独立的院落。一般做法为：在三进院落后面加一排后罩房，见图3-4。该四合院中轴线的建筑，由南向北依次为：倒座儿房、前院、正房、中院、正房、第三进院、后罩房1、第四进院、后罩房2。旧时对于一些大户人家而言，其四合院可纵向继续扩展；而当胡同尺寸有限时，四合院可横向扩展，甚至带有私家花园景观，如北京恭王府等建筑。

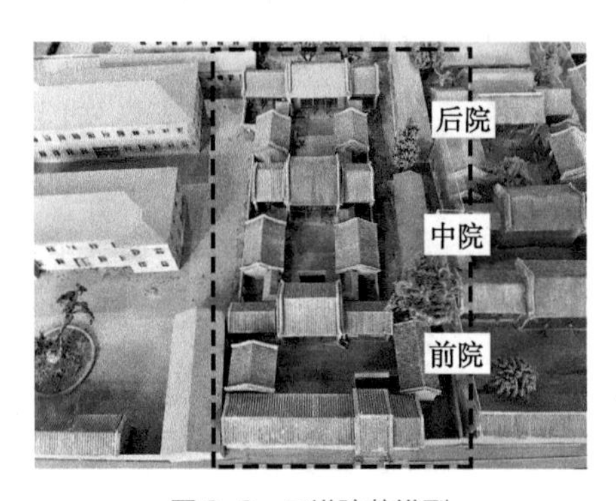

图3-3　三进院落模型
（图片来源：作者拍摄；时间：2017年）

图3-4　四进院落模型
（图片来源：作者拍摄；时间：2017年）

北京四合院的庭院十分重视绿化，规模较大的四合院往往还另辟花园。“天棚、鱼缸、石榴树”是传统北京四合院景观构成要素的缩影。搭设天棚主要考虑遮挡夏天烈日对院落的灼晒，为院落提供避暑纳凉的阴凉场所。鱼缸则常常养金鱼并种植荷花等水生景观植物，金鱼寓意吉利，荷花可供观赏。栽种植物可以丰富四合院景观，同时也有调节局部气温的作用，树种多选用石榴树、枣树、柿子树、丁香、海棠、葡萄等，枣树、石榴树取“早生贵子”之意，柿子树寓意事事如意，海棠与玉兰共称玉棠富贵，丁香芬芳馥郁，葡萄既可遮阳纳凉又是果品中的美味。秋季树上结满果实，硕果累累，可供食用，同时树种的选择也彰显着房主的文化素养和为人秉性。此外，“理水”是造景的要素之一。到了清朝时，随着城市的不断扩张，北京的水源也越来越不足，清政府公布了不准民间私引活水造园的规定。由于缺乏活水，北京四合院的中央，便常常摆放一只或数只很大的鱼缸，作为一种补充。一是如前所述的为了观赏，二能够调节空气湿度，三还具有防火的功效。[①②]

四合院单体建筑组成部分，包括大门、地面、台明、墙体、门窗、瓦顶、大木构架。（1）大门：四合院建筑入口的门，见图3-5。北京四合院把大门开向南边是有讲究的。首先，这是元代建大都时的城市规划所框定的。元代大都的规划是棋盘式格局，南北为街，东西为巷。街的主要功能是方便交通和贸易；巷就是我们俗话说的胡同，是串连住家的通道。因此，宅院的大门开在南边最为合适。其次，与传统的建筑风水学有关。北京地区的阳宅风水术讲究“坎宅巽门”，“坎”为正北，在“五行”中主水，正房建在水位上，可以避开火灾；“巽”即东南，在“五行”中为风，进出顺利，门开在这个方向以图吉利。北京内城的大户过去一般都是做官的，官属火，门开在南边，寓意官运亨通。最后，华北地区风比较大，冬季风从西北方向来，夏季风从东南来，门开在南边，冬天可避开凛冽刺骨的寒风，夏天则可迎风纳凉，符合居住卫生条件。[③]大门两端都有门鼓石。门鼓石前端是一种装饰性的石雕，可为方形或圆形，上面可有趴狮造型，两侧面有吉祥图案雕刻纹饰。门鼓石后端则做成门枕形式，可用来安装大门门轴。（2）地面：四合院内的地面可

图3-5　某四合院大门
（图片来源：作者拍摄；时间：2017年）

① 徐艳文：《北京传统民居四合院》，《资源与人居环境》，2018年第5期，第63—67页。

② 孙睿珩：《北方四合院院落特色及影响因素初探——以北京地区为例》，《北方建筑》，2016年第2期，第50—53页。

③ 徐艳文：《民居建筑的典范——北京四合院》，《建筑》，2018年第23期，第67—69页。

称为甬路。（3）台明：即建筑基础的露明部分，一般指的是建筑物柱子或墙体以下至地坪以上的部位。台明可用砖或石头砌筑而成，见图3-6。（4）墙体：当墙体砌筑在窗户下面时，称为“槛墙”，位于建筑两端的墙体，称为“山墙”。建筑后檐的墙体，称为“后檐墙”。四合院周边有院墙，其顶部可做成丰富的图纹。（5）门窗：古建筑的门窗统称为装修。四合院内各建筑的门可以做成无造型简单的格门形式；或做成具有丰富纹饰的隔扇门形式。（6）瓦顶：民间四合院的瓦顶形式一般为合瓦。合瓦又名阴阳瓦，其特点是底瓦、盖瓦都是一种瓦，为弧形片状，且一正一反排列。在北方地区，大户人家或王府四合院的瓦顶采用筒瓦形式。这种瓦顶的底瓦和盖瓦不同，底瓦为板瓦，盖瓦为筒瓦。这种瓦顶称为筒瓦瓦顶。（7）大木构架：大木构架是建筑支撑屋顶的部分。北京四合院的建筑屋顶大都为硬山式屋顶，因而采取三架梁或三架梁加五架梁形式的木构架比较多，见图3-7。

图3-6　某四合院北房台明
（图片来源：作者拍摄；时间：2017年）

图3-7　某四合院建筑的大木构架模型
（图片来源：作者拍摄；时间：2017年）

第二节　北京四合院建筑的和谐思想

一、气候的和谐影响

北京地处地球上最大的大陆——欧亚大陆东岸，距离最近的内海为渤海，内海对气候的影响不如大洋。冬季受强大的蒙古高压影响，形成世界上同纬度上最冷的地区，夏季受到北太平洋副热带高压影响，为典型大陆性季风气候。北京背山面海，地势从西北向东南倾斜，冷空气从西北越山后具有焚风效应。北京的山脉多东北、西南走向，水汽从东南来，有利于暖湿气流爬升山坡，爬升过程中凝结成云致雨，形成山前迎风坡的降雨中心。“左拥太行，右挹沧海，地势极为优越。”[①]

根据北京的气候特点，北京四合院都有明确的主轴线，轴线往往是南北走向，使得四合院主体空间形成坐北朝南的格局，有利于获得太阳的辐射。四合院内各个房屋是分离的。各个房屋分离则要求庭院空间足够大，以确保北房、南房、东西厢房的完整性和独立性。各房屋之间较大的间距，可以方便阳光与风的进入。各房屋之间可以有走廊连接。廊子的空间比较自由，这也是因为北京的降水多在夏季，其他季节雨水较少。四合院的内部空间与外部空间所占比例很大，这是因为北京地区春季风沙较大，且寒冷的冬季和炎热的夏季时间较长，温和的秋季时间很短，不适合布置较多的半开敞的内部空间。庭院内北面的正房高于南房，这种北高南低的建筑布局，有利于接受阳光和保证通风。庭院空间略呈正方形，南北轴线方向略长，以便夏季接纳凉风，冬季获得充沛的日照。四合院的山墙可为硬山或悬山式，因为防止雨水的渗透并不是必须满足的条件，这也是因为北京地区降水量

---

① 陆元鼎，杨谷生：《中国民居建筑》(中卷)，华南理工大学出版社2003年版，第219页。

较少而允许的。北京四合院廊子里的空间多是断开的，北屋廊子空间宽敞，东西厢房空间较窄，且都是一层高，以对冬季的太阳辐射形成较少的阻挡，也对夏季风形成较少的阻挡。正房、厢房均向内院开设门窗，多采用采光面积较大的双层支摘窗，且门窗洞口面积较大，窗地面积也比较大，可兼顾冬季采光、防寒及夏季通风换气。门窗洞口会随着时间、季节的变化做出相应的调整，以适应气候。一般而言，白天支起上边的窗户，摘下下边的窗户，便于通风透光；夜里放下支窗，装上摘窗，对防盗及保暖有利。夏季上边窗户内层糊一层窗纱，透风而不遮挡光线；靠门设帘架，冬季可挂棉帘，夏季可挂竹帘。北京四合院在朝向、空间、院落房屋、门窗的布置诸方面都适应了气候的影响，是一种和谐的体现。

二、布局的和谐思想

从平面布局来看，北京四合院建筑的基本形制是北房（正房）、南房（倒座儿）和东西厢房，四周再围以高墙，形成“四合”意识的物化，古语有云：“四面而八方。”“四面”即东、西、南、北，而“八方”则是来自《周易》的震、巽、离、坎、乾、坤、艮、兑八个卦象，其中作为房间的开户方向极其推崇的就是面向东南房的“巽”位。[①]这里在八卦中位于巽位。巽位为通风之处，可以通天地之元气。四合院可以称为我们国家最具代表性的民居，是“四柱间”以及“五方位”空间模式最简洁的物质表现。它的平面非常清晰地告诉了我们什么是“四面”空间，哪里是“中央”空间。深究其中，每个房间的位置还是依照《周易》八卦方位摆布的。

“面南文化”为我国传统文化所特有，《周易》之“说卦”有：“圣人南面而听天下，向明而治。”受这一思想影响，北京的四合院也讲究坐北朝南。细究起来，这与如上所述的气候有密切联系，我国

① 王长富：《“负阴抱阳，冲气以为和”的古建筑空间分析对城市再生景观空间新探》，南昌大学硕士学位论文，2010年，第14页。

所处的地理位置，决定了阳光大多从南面照射下来，“面南”可以保证冬季阳光最大限度地照射进正房，夏天也可以利用房檐遮挡阳光，从而产生冬暖夏凉的效果。至于采用“八卦七政大游年”的方法来选择门的位置，并调整各房吉凶，则属于民间为适应上述大原则而采取的具体措施。北京四合院四周建房、中间为空地的建筑格局，与“天圆地方”的学说有关，并体现了“五行”理论。在四合院的布局上，院门、厕所和厨房的安排，都与方位有关。另外，中国的传统建筑还格外重视排水，在地势上往往西北高，东南低，将门开在东南角，正好有利于排水。按照风水理论，四合院中的厨房最好安排在东房的南面一间，或北面的房间，或干脆设在院子的东北角。四合院中的厕所往往被安排在院子西南角，或是外院的西小跨院、里院西南角、走廊拐角等处。[①]总之，一定要在房屋的次要位置。且不要正对房门，不要处于风口，也不要正对后门。

北京四合院在空间的布局中运用了含蓄设计手法，表现出一种不张扬、淡漠、优雅的空间情感，在这种儒雅淡漠的空间中赋予变幻。[②]在我国传统空间分隔中，人们擅于营造一种半通透的空间，即以廊柱、屏风、隔断、罩等建筑构筑物或装饰物来营造一种若有似无的空间形态，也就是我们所说的灰空间，以此来增加空间的灵活性与神秘感。如在大门入口处设置了屏门、影壁等视觉屏障，作为整体空间的序曲，起到了先抑后扬的作用，层层递进的院落设计，增加了空间的叙事情节，丰富了空间的精神畅游境界，展现了中国传统民居的空间艺术魅力。在内部空间同样富于变化，如在正厅与耳房、正房与耳房之间都设有内部相通的门，在不妨碍私密性的同时大大地增加了空间的灵活尺度，并采用隔断、屏风等对内部空间进行分隔，形成了一种若隐若现、半封闭的灰空间。罩也是我国传统住宅空间中用以空间分

① 高巍：《四合院里的“讲究”体现人与自然和谐关系》，《中国社会科学报》，2012年11月16日，第A05版。

② 刘媛欣：《北京传统四合院空间的有机更新与再造研究》，北京林业大学硕士学位论文，2010年，第25页。

隔的手法之一，它在空间划分中可以界定空间，但却不是完全地把两个空间相隔离，多会产生一种空间的朦胧感，这也正体现出了中国室内设计中的文人情结，流露出诗意的美。上述空间布局的方法和手段也体现了人与人、人与自然之间的和谐。

三、传统礼教的和谐思想

我国传统文化是在不断地争鸣、演进、排斥和交融中发展的，而始终为各流派所尊崇、追求的文化理念“和”，成为我国传统文化的基本精神。春秋后期，儒学从诸子百家中脱颖而出，成为古代占主导地位的思想，其中很重要的原因就是在某种程度上契合了统治者的要求：“礼治”使统治者依照“礼”所确定的社会等级次序关系和名分规定来治理国家。

《礼记·曲礼》说：“夫礼者，所以定亲疏、决嫌疑、别同异、明是非也。”“道德礼义，非礼不成。教训正俗，非礼不备。分争辨讼，非礼不决。君臣、上下、父子、兄弟，非礼不定。”[①]《礼记·经解》有：“礼之于正国也，犹衡之于轻重也，绳墨之于曲直也，规矩之于方圆也。”[②]《左传》说：“夫礼，天之精也，地之义也，民之行也。”“礼，经国家，定社稷，序民人，利后嗣者也。”“贵贱无序，何以为国。”[③]《荀子》说：“礼者，智辨之极也。强国之本也，威行之道也，功名之总也。”[④]此即表明礼既为规定统治秩序、天人关系、人伦关系之法规，也是约制伦理道德、思想情操、生活行为方式之规范。

我国传统的封建礼教对人们的生活影响深远，这种影响也体现在传统四合院建筑的尚礼性上。以四合院建筑的功能分区为例进行说明。标准四合院分为外院和内宅两部分。外院为进入大门后的首道院

① 陈戍国点校：《礼记》，岳麓书社1991年版，第429页。
② 陈戍国点校：《礼记》，岳麓书社1991年版，第617页。
③ 陈戍国点校：《春秋左传》，岳麓书社1991年版，第679页。
④ 安小兰译注：《荀子》，中华书局2007年版。

子，由南房、院门、影壁、内宅南外墙组成。南房是其南面一排所谓“倒座儿”的朝北的房屋，为书塾、客人、男仆或杂间之所。内宅南墙正中为垂花门，自外院向前经过作为垂花门或屏门的二道门进入正院，穿过垂花门方能看清内宅房屋，此二道门为四合院中装饰得最为华丽之门，也是外院进入内宅正院的分界标志。内宅由北房、东厢房、西厢房组成，中间为院。正院正中之南向北房为正房，台基较高，其房屋开间进深尺寸均较大，为长辈所居，为内院之主体建筑，东西厢房台基相对较矮，开间进深相对也较小，常为晚辈所居。厨房于东房最南侧，厕所于院内西南角。讲究男外女内，男女有别。男于外院南房西角，女于内宅东房北角。规模较大之四合院还有后罩房。后罩房于北房之后，一层两层不等，均坐北朝南，其与北房正房后山墙之间形成一个后院，后院为宅主人内眷或老人之所。内宅正院庭院为四合院之中心，其内精巧玲珑之垂花门与其前面配置之盆花、荷花缸等园林小品构成了一幅生动有趣的庭院美景。北房前出廊，东西两端有游廊，垂花门、北房正房、东厢房、西厢房被游廊连为一体，既可躲风避雨防日晒，又可乘凉休憩观赏庭院景色。垂花门、正房和东西厢房以廊相接围成的规整院落构成了整个四合院的核心庭院空间。①

北京四合院的形制、布局、结构都呼应我国传统礼法制度。这种礼教讲求尊卑有序，长幼有别，建筑作为人们日常活动的场所，四合院中轴对称、围合庭院、封闭外墙、布局向心诠释了封建礼教的要求。中间院落，生活起居等功能空间围绕院落布置，形成对外封闭、对内向心的空间，一方封闭的小天地，形成了其乐融融的家庭氛围，也是封建等级分明、族权至上的建筑环境。对称布局、中轴突出、纵深院落的平面布局与空间形制，形成主从、偏正、内外及向背的丰富空间，迎合了封建礼教上的伦理秩序，使传统四合院成为研究我国传

---

① 谷建辉，董睿：《“礼”对中国传统建筑之影响》，《东岳论丛》，2013年第2期，第97—100页。

统文化的重要载体，亦为和谐思想的体现。[①]

四、人居环境的和谐

北京四合院建筑具有很多优良的物理特性，又充满人情味，特别适合北京地区的日常生活。院落尺度宽敞，日照充足，大部分房屋都可以获得很好的采光；四面围合的内院形成了一个自我平衡的小环境，按老北京的话说，是含有“内气”，既隔绝了街上的尘嚣，又保证内部通风流畅。院落坐地朝天，敞口于上，承接日精月华，阳光雨露，纳气通风，给住宅带来必需的新鲜空气，同时雨水又荡涤着地面各处的污秽，不断使居住环境新陈代谢。厚重的院墙和屋墙具有很强的保温和隔热效果，在一定程度上缓解了冬天的严寒和夏天的酷热。在这里，古人通过自然朴素的方法塑造出高度舒适的人居环境，达到了人与自然的和谐，显示出令人赞叹的智慧。

四合院中的生态和谐不仅体现于绿色植物当中，更在居住者的身上得到了具体的印证。[②]由于四合院是以家庭成员为单位的居住空间，通常会形成三代同堂的生活氛围，老人作为一家之主，有较丰富的生活阅历，可以为年轻人提供适当的指点和帮助，而年轻子女作为家庭劳动的主要力量，又可以很好地承担照料家人的义务。同时由四合院形成的胡同生活氛围，使得街坊邻居们通常可以发生生活上的交集，而自然形成了一些良性的生活交往，展现出了人们在日常生活中的和谐性，在四合院中形成的邻里的生活观念已经成为现代人们居住中所向往和倡导的生活模式，这是如今居住于高楼大厦中，过着快节奏生活的人们所不曾感受的，二者在居住情感上形成了鲜明的对比，这也是都市人们向往四合院生活的原因之一。

① 孙睿珩：《北方四合院院落特色及影响因素初探——以北京地区为例》，《北方建筑》，2016年第2期，第50—53页。

② 刘媛欣：《北京传统四合院空间的有机更新与再造研究》，北京林业大学硕士学位论文，2010年，第32—33页。

综上所述，北京四合院秉承了中国传统建筑的对称之美、规整之美，更体现了和谐之美。北京四合院具有十分的典型性，保持着不同层面，古建与地域文化、传统孝道美德、居民性格养成等多方面的联系，是我国传统建筑历史的见证者，它承载着国家建筑文化的积淀。北京四合院建筑朝向、房屋与庭院的空间、建筑小品的布置很好地适应了北京地区的气候特点，是一种和谐。北京四合院建筑平面布置合理，空间分割巧妙，体现人与自然、人与人之间的和谐。四合院院落尺度宽敞，既能够接受阳光，而且还接地气，四面围合的内院形成了一个自我平衡的小环境，建筑分区由“间”到建筑群体的形成过程，也就是老子“道”的过程，其间体现着强烈的天人合一思想。其在功能上表现为尊卑有序、长幼有别，是传统礼教对四合院建筑的和谐明显的影响的体现。四合院的形制、布局、结构都呼应我国传统礼法制度，其不同房屋在布局上中轴对称、围合庭院、封闭外墙、布局向心。北京四合院建筑中的和谐不仅体现于人与自然当中，更在人与人之间得到了具体的印证，家族、邻里之间的生活互助，促进了人与人之间的和谐。

第四章

古建筑烫样的和谐艺术

北京古都是明清皇帝执政、生活所在城市，其建筑包括紫禁城、圆明园、北海、颐和园、十三陵等多个宫殿、园囿、陵寝建筑。这些古建筑的建造，是要经过皇帝事先批准的。可是有谁知道，皇帝批准建造一座宫殿之前，是需要审核它们的实物模型的。这种实物模型，就是烫样。烫样不仅仅是一种建筑技术，而且体现了我国传统建筑中的文化思想，是人与建筑和谐的一种文化理念体现。

第一节　烫样的基本知识

烫样，也称“烫胎合牌样”“合牌样”，就是指古建筑的立体模型。这种模型一般用纸张、秫秸、油蜡、木头等材料加工而成。纸张一般选用元书纸、麻呈文纸、高丽纸、东昌纸。木头一般选用红松及白松。制作烫样的工具包括簇刀、剪刀、毛笔、蜡版、水胶、烙铁等。其中，水胶主要用于黏合不同材料，烙铁主要用于将材料熨烫成型。

紫禁城古建筑烫样最开始由皇家指定的民间工匠制作。在清代，出现了制作烫样的御用皇家机构，即样式房。该机构功能犹如现在的建筑设计院，主要负责皇家建筑的设计与施工。而在设计的初期阶段，则需制作出建筑烫样，供皇帝参考。烫样可用于建筑群模型，也可用于建筑单体模型，还可用于建筑局部模型。烫样是按照拟建造古建筑模型制作的，一般要对古建筑原型缩小一定的比例，但这个比例一般不精确。常见的比例有：5分样（1：200）、寸样（1：100）、2寸样（1：50）、4寸样（1：25）、5寸样（1：20）等。

那么，为什么紫禁城古建筑需要制作烫样呢？

紫禁城古建筑的烫样，实际上和现在的立体模型差不多，其主要作用是给皇帝展示拟建造建筑的三维效果，类似于今天的建筑实体模型。由于一般建筑平面图无法使皇帝获得建筑造型、内外空间、构造做法等准确信息，因而需要制作烫样来展示拟施工模型的效果。通过向皇帝展示拟建造模型的烫样，可显示出建筑的整体外观、内部构造、装修样式，以便皇帝做出修改、定夺决策。皇帝认可之后，样式房方可依据烫样绘制施工设计画样，编制做法说明，支取工料银两，进而招商承修，开工建设。

故宫博物院现藏烫样80余件，其内容涵盖圆明园、万春园、颐和园、北海、中南海、紫禁城、景山、天坛、清东陵等处的实物模型。它们是研究紫禁城建筑历史、文化及工艺的重要资料，亦是部分古建筑修缮或复建的重要参考依据①。图4-1和图4-2为故宫博物院现藏部分古建筑的烫样。

图4-1 北海澄性堂烫样
（图片来源：作者拍摄；时间：2017年）

图4-2 圆明园九洲清晏殿烫样
（图片来源：作者拍摄；时间：2017年）

烫样的制作包括梁、柱、墙体、屋顶、装修等部分。其中，梁和柱采用秫秸和木头制作；墙体主要用不同类型的纸张水胶黏合成纸板，然后根据需要进行裁剪；制作屋顶时，首先利用黄泥制成胎模，然后将不同类型的纸用水胶黏合在胎模上，晾干后，成型的纸板即为屋顶形状；装修的制作方法类似于墙体，再在上面绘制图纹或彩画。

一般而言，制作好的烫样，应该包括如下信息②：建筑造型、建筑内部构造组成、建筑色彩、建筑材料、建筑基本尺寸数据、建筑装饰（装修）、建筑基础等内容。上述内容可通过烫样外观、图纹、色彩、文字等方式表示。下面，以养心殿喜寿棚烫样为例，对烫样的基本信息进行介绍③。不考虑喜寿棚内的戏台，则对于喜寿棚本身而言，其基本信息如下：

（一）烫样构造：由东、西、南、北四向立柱、装修及顶棚组成，

① 朱庆征：《方寸之间的宫廷建筑》，《紫禁城》，2006年第7期，第88—91页。

② 张淑娴：《装修图样：清代宫廷建筑内檐装修设计媒介》，《江南大学学报（人文社会科学版）》，2014年第3期，第113—121页。

③ 李越等：《故宫博物院藏“养心殿喜寿棚”烫样著录与勘误》，《故宫博物院院刊》，2016年第3期，第55—73页。

见图4-3。

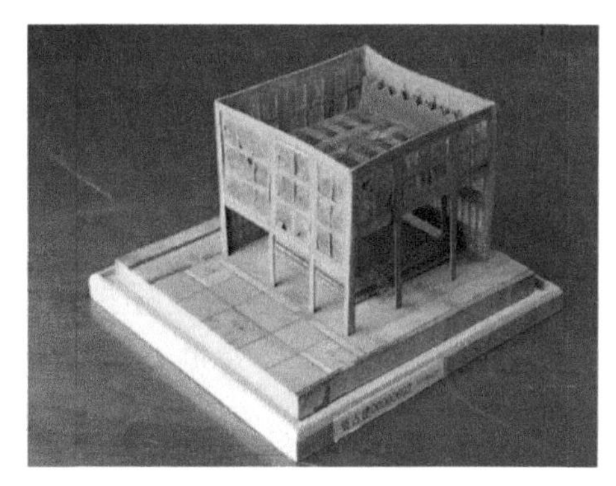

图 4-3　养心殿喜寿棚烫样整体
（图片来源：作者拍摄；时间：2017 年）

（二）装修信息：东、西、南三向做法基本相同，各分为三部分，每间上部为直方格透明窗，下部为隔扇。北向亦分为三部分，各部分上端为直方格透明窗，下端为立柱框架，便于观看演出。

（三）基础做法：立柱浮放于原有室外地面。该做法可认为喜寿棚为临时性建筑，便于装拆。

（四）烫样尺寸及在养心殿的具体位置：1.烫样顶棚，贴有“添搭明瓦木棚一座，南北进深四丈五尺，东西面宽三丈三尺七寸，柱高二丈六尺”的黄色标签。这规定了喜寿棚的总长、总宽、总高等基本信息。2.烫样南侧，贴有“柱至影壁二尺”的黄色标签。这规定了喜寿棚与影壁之间的间距尺寸，相当于确定了喜寿棚在养心殿南北向的具体位置。3.烫样东侧，分别贴有“柱至台帮二尺五寸”的红色标签，以及“地皮至殿檐高一丈三尺”的黄色标签。红色标签内容实际确定了喜寿棚在养心殿东侧的具体位置，而黄色标签内容实际确定了喜寿棚东侧顶棚相对于养心殿地面的具体高度。4.烫样北侧，分别贴有“白（台）帮至棚柱三尺”及“地皮至殿檐高二丈五寸”的黄色标签。前者确定了喜寿棚在养心殿北侧的具体位置，后者则确定了喜寿棚北侧顶棚相对于地面的具体高度。5.烫样西侧，贴有“地皮至抱厦脊上皮高二丈四尺五寸”的黄色标签。这实际确定了喜寿棚西侧抱厦脊的具体高度。

（五）建筑做法：屋檐外立面绘有蝙蝠、灵芝、仙草图纹，屋顶护栏为步步锦做法；窗户为直格固定做法（窗户位置较高，不便开启），隔扇为龙纹裙板、蝙蝠纹绦环板、步步锦隔扇心。隔扇侧面贴有“隔扇俱安活扇”的黄色标签。这规定了隔扇的安装做法。

（六）建筑色彩：由上至下分别为——阳台护栏绿色望柱、红色步步锦栏板心；绿色顶棚；白色屋檐；绿色直格窗；隔扇抹头、边框为红色，隔扇心为绿色，隔扇绦环板及裙板为蓝色或绿色，立柱为绿色。

这样一来，喜寿棚烫样提供了其构造、尺寸、样式、色彩等信息。工匠依据皇帝的意见对烫样进行修改，尔后即可进行具体的施工准备工作。

第二节　名不副实的烫样

紫禁城内制作烫样，其根本目的，就是由皇帝确定拟建造的建筑样式、构造、材料及工艺。可以说，紫禁城内的建筑，基本上是按照烫样模型进行建造施工的。可是，在紫禁城内，至今保留着一座古建筑，它与烫样格格不入，是紫禁城建筑群中的另类。这座建筑就是延禧宫。延禧宫始建于明永乐十八年（1420），为后妃居住场所，原名长寿宫，清代改为现名。

延禧宫现存烫样为清代制作，见图4-4。由烫样可知，延禧宫由前院及后院组成。前院入口为琉璃墙宫门，入门后有木质影壁一座。前院主殿为五开间，前后出廊，黄色琉璃瓦，单檐歇山式屋顶。前院配殿为三开间，前出廊，黄色琉璃瓦，硬山式屋顶。近琉璃门处有一座倒座儿房。后院主殿为五开间带耳房，无廊子，黄色琉璃瓦，硬山屋顶；东西配殿为三开间，带前出廊，黄色琉璃瓦，硬山屋顶。前后院的配殿之间，建有东西两座体量较小的建筑，称为东、西水房。前后院通过前院主殿两侧的游廊连通，作为出入口。

图4-4　延禧宫烫样
（图片来源：朱庆征，《方寸之间的宫廷建筑》，《紫禁城》，2006年第7期）

烫样上有若干黄条，其主要文字信息如下：（一）“遵旨照长春宫式样。”由此可知，延禧宫的烫样是按照西六宫的长春宫样式制作的。由于写作此书时长春宫正值修缮期，因而作者无法获得长春宫建筑样式的实物照片资料。但是由于紫禁城建筑东、西六宫建筑样式极为相似，且东、西六宫在平面布局是对称的，因此不难发现，延禧宫烫样建造成的建筑样式，应该与西六宫与之相对称的太极殿类似。因而可用太极殿区域的相关照片来描述延禧宫应有的建筑形式。（二）“添盖大殿一座，五间，明间面宽一丈七尺七寸，二次间各面宽一丈六尺五寸，二稍间各面宽一丈二尺。进深一丈七尺五寸，前后廊各深七尺。檐柱高一丈一尺一寸。台明高二尺。”上述文字可获得的信息为：前院主殿为五开间三进深，前后带廊子。建筑位于二尺高台明之上，各房间长宽尺寸、柱高尺寸均确定。（三）“添盖东西配殿二座，各三间。明间面宽一丈二尺四寸。二次间各面宽一丈二尺二寸。进深一丈五尺六寸。前廊深四尺。檐柱高九尺六寸。台明高一尺。”以上文字可获得的信息为：主殿东西两侧各设配殿，即东配殿和西配殿。二配殿建筑形式完全相同。各配殿均为三开间，前带廊子，檐柱、台明高度均低于主殿（即建筑总高低于主殿）。依据延禧宫烫样相关信息，参照西六宫之太极殿建筑现状，不难分析出延禧宫的建筑样式，即为体量相对于前朝建筑要小的，分为主殿和配殿的，具有传统木梁木柱的，带有琉璃瓦的中国传统四合院式的建筑群。

但是，出乎意料的是，我们现在看到的延禧宫前院，是一座不中不洋、造型奇特，而且尚未完工的建筑，见图4-5。不仅如此，这座建筑名称也不叫延禧宫，而被改称为灵沼轩。

图4-5　灵沼轩立面照片
（图片来源：作者拍摄；时间：2014年）

灵沼轩是紫禁城里面古建筑的异类。之所以称之为异类，是因为其建筑结构及建筑材料既与烫样不搭边，又与紫禁城内传统的中国古建筑样式格格不入。不仅如此，这座建筑目前还处于未完工状态。这是怎么回事呢?

延禧宫这个地方似乎风水不好，多次着火。如清道光二十五年（1845）及咸丰五年（1855）即着火两次。尽管样式房已设计出复建的烫样，但迟迟未予以实施。光绪三十四年（1908），隆裕皇太后听从太监小德张的建议，要在延禧宫盖一座“不怕火的建筑”，且还能满足皇宫休闲娱乐的需求，并取名为“灵沼轩”。其设想构造为：地下一层、四周建有条石垒砌的水池，计划引金水河水环绕；地上两层，底层四面当中各开一门，四周环以围廊，主楼每层9间，四角各附加1小间，合计39间；殿中为4根盘龙铁柱，顶层面积缩减，为5座铁亭；四面出廊，四角与铁亭相连。重建后的延禧宫是一座水晶琉璃世界，帝后闲暇之时，可徜徉其中，观鱼赏景。然而，由于清政府国力空虚，再加上辛亥革命爆发，因而灵沼轩开工3年后即停工，一直搁置至今。今天我们看到的灵沼轩就是未完工的状态。

所以我们说，延禧宫烫样是紫禁城内几乎唯一的，与建筑实物完全不符的建筑烫样。

第三节　烫样背后的故事：样式雷家族的兴衰

制作烫样的专门机构为样式房。在清代，出现了一个雷姓家族，他们先后七代在样式房主持皇家建筑设计，被世人誉为“样式雷”。样式雷留下来的烫样，涵盖承德避暑山庄、圆明园、万春园、颐和园、北海、中南海、紫禁城、景山、天坛、东陵等处。“样式雷”的名下，是一个极其庞杂的建筑体系。大到皇帝的宫殿、京城的城门，小到房间里的一扇屏风、堂前的一块石碑，都符合“样式雷”的种种规矩，体现了中国传统建筑技艺的高超与严谨。

样式雷七代家族的典型代表人物及主要成就如下：

第1代：雷发达，字明所，江西建昌（今永修）人，生于明万历四十七年（1619），卒于清康熙三十二年（1693）。清初，雷发达以建筑工艺见长，和堂兄雷发宣一起应募赴北京修建皇室宫殿，担任工部样式负责人，主要负责故宫三大殿的设计和建造，著有《工部工程做法则例》《工程营造录》等著作。雷发达担任皇宫的设计工作三十余年，他把自己积累的一些建筑和技术知识写成小本子，流传给后人，奠定了雷氏家族在清代建筑领域中的领头地位。

第2代：雷金玉，字良生，生于顺治十六年（1659），卒于雍正七年（1729）。康熙中叶时期，太和殿重修将要竣工时，上梁的官员在脊檩安装时榫卯总是合对不上。在关键时刻，雷金玉换上七品官的衣服，爬上梁架轻松将榫卯搭扣合拢，获得了在场的康熙帝赏识。此后，雷金玉被封为样式房的掌案，并开始声闻于外。雍正时期大规模扩建圆明园，此时年逾六旬的雷金玉，应召充任圆明园样式房掌案，负责带领样式房的工匠，设计和制作其中的建筑及园林的画样和烫样，并亲自指导施工，对圆明园的设计和建设工程做出了重要的贡献。

第3代：雷声澂，字藻亭，生于雍正七年（1729），卒于乾隆五十七年（1792），是雷金玉的幼子。虽然他执掌了样式房工作，但由于缺少行家的指点帮助，因此技艺平平，并没大的建树。为了重振样式雷的辉煌，他把精力用在教育儿子上。

第4代：雷家玺，字国贤，生于乾隆二十九年（1764），卒于道光五年（1825），是雷声澂的次子。乾隆三十六年（1771），雷家玺奉命设计建造乾隆花园，历时六年。他因地制宜，将乾隆花园狭长空间巧妙横向分割成4个部分，且利用叠山、流水来点缀花园，使得不同空间具有不同的风格，丰富了花园整体的休闲韵味，获得了乾隆帝的高度赞赏。乾隆五十七年（1742），雷家玺承担了修建万寿山清漪园、玉泉山静明园和香山静宜园的工程。之后，雷家玺还承担了宫中灯彩、西厂烟火及乾隆帝八十万寿典景楼台工程，以及圆明园东路工程。雷家玺的工程成就标志着雷氏家族步入鼎盛期。

第5代：雷景修，字先文，号白璧，生于嘉庆八年（1803），卒于同治五年（1866），雷家玺的第三子。雷景修主要参与了清西陵、慕东陵、圆明园工程设计与施工。雷景修把祖上传下来和自己工作中留下来的设计图样（包括各个历史阶段的草图、正式图）、烫样模型专门收集起来，用三间房子存在家里。样式雷大量图档和烫样能保存至今，雷景修功不可没。

第6代：雷思起，号禹门，生于道光六年（1826），卒于光绪二年（1876），是雷景修的第三子。雷思起继承祖业，执掌样式房，承担起设计营造咸丰清东陵定陵的任务。同治十三年（1874）圆明园重修时期，雷思起带领儿子雷廷昌和样式房匠人，夜以继日制作出万春园大宫门、天地一家春、清夏堂、圆明园殿、奉三无私殿等全部施工所需的画样和烫样。此外，雷思起还参与惠陵、盛京永陵、三海工程的设计与施工。

第7代：雷廷昌，字辅臣，又字恩绥，生于道光二十五年（1845），卒于光绪三十三年（1907），是雷思起的长子。其独立承担过同治帝的惠陵、慈安和慈禧太后的定东陵等晚清皇帝后妃陵寝的设计修建工程，亦为颐和园、西苑、慈禧太后六旬万寿盛典工程负责人。

雷廷昌重修了颐和园后，清王朝严重衰败，皇家大型工程逐年减少。雷廷昌死后，家族没有人继承其事业。光绪二十年（1894）起，清代皇家建筑及陵墓如西陵、东陵、正阳门、裕陵、崇陵等工程的勘查、设计、施工均由顺天府尹（相当于现在的北京市长级别）陈璧负责完成。

关于样式雷家族的没落，天津大学王其亨教授认为主要由两个方面的原因造成。一方面是清王朝的灭亡，封建制度的瓦解，使得不再需要一个专门设计机构为皇族的建筑设计服务，并体现王族的意志和思想。五四运动后，反传统潮流的蔓延，又使得皇家建筑设计失去了荣耀和舆论支持；而随后兴起的国内民族工商业，使得民间和政府机构大量建造洋楼和工厂，雷氏家族所擅长的皇家园林建筑及陵墓设计几乎失去了市场。另一方面，就是雷氏家族从雷思起、雷廷昌起就开始吸食鸦片，而其吸食鸦片的根本原因就是身体有病（腿脚疼痛）。雷氏家族吸食鸦片很快上瘾，尔后用了大量的资金购买鸦片，甚至不惜将图档、烫样变卖来换取购买鸦片的资金，其家族逐渐没落，并造成大量图档、烫样流失于民间甚至国外。

总体而言，样式雷家族对于紫禁城古建筑保护与研究具有极为重要的贡献，主要表现在以下三个方面：

（一）纠正了紫禁城古建筑工匠“纯经验”的传统错误观念。中国人的传统观念中，包括紫禁城在内的中国古建筑，其造型的优美、结构的精巧纯粹源于工匠丰富的经验，而并不认为这些工匠具有良好的文字、图像组织及表达能力。样式雷家族留下来的大量烫样实物，足以纠正这种错误观念。样式雷家族提供了紫禁城古建筑从设计到施工的丰富图档、画样及烫样，说明中国古代建筑工匠不仅具有良好的建筑施工技艺，而且具有图纸设计表达能力及立体模型表达能力。这些成果不仅改变了传统观念认为紫禁城工匠“纯经验”的误解，而且有助于今天的人们全面了解、掌握中国古建筑从设计到施工的各个过程的建筑理论、设计方法、建筑技术等信息。

（二）改变了中国传统的古代建筑“见物不见人”的弊病。由于历史的原因，中国古代没有留下有关建筑理论的系统专著，其论述散见于各种文史典籍中，并采取了“中国式”的阐述方式，即以高度的建筑技巧及大量成熟的建筑作品，表现中国建筑的伟大成就，对于建筑设计者，则往往缺乏系统的介绍。人们认为紫禁城古建筑是建筑工匠的技艺成就的结晶，却往往对于它们的设计者姓名、设计理念、设计依据等信息是无从知道的。样式雷的烫样成就改变了这种弊病。样式雷家族留存的烫样模型，给人以较为清晰的信息，便于人们了解、研究建筑实物的来源，并作为古建筑设计、修缮、研究参考的依据。样式雷家族有七代人主持了清代皇家建筑的设计，提供了极为丰富的建筑创作实践，对于研究我国传统建筑具有重大意义。样式雷提供了非常清晰的设计者信息，使得能够将建筑实物与建筑设计者的理论、思想有机结合起来，改变了见物不见人的局面，开辟了中国古建筑研究的新思路。

（三）完善了中国古代建筑营造制度研究。中国古代建筑的营造制度，主要源于《周礼·考工记》《周易》等文献中关于建筑技术、建筑做法及建筑礼制的相关规定，突出在建筑等级、建筑工艺、建筑布局、建筑构造、建筑色彩等方面的文字表达，其意义往往不明晰。宋代《营造法式》亦包含了古建筑的营造法则、营造尺寸、做法大样等，但上述的制度规定并未上升到实物层面。样式雷家族留下的烫样实物，有助于从材料、尺寸、样式、工艺等角度全面研究中国古代建筑的营造制度。

因此，样式雷是紫禁城古建筑烫样发展过程的一个缩影。其在很大程度上代表了紫禁城古建筑的丰厚的建筑文化内涵、精美的建筑艺术水准、高超的建筑技术，以及精益求精的工匠精神，值得我们深入学习和研究。

第五章

室外陈设的和谐文化

北京是明清皇宫所在地，拥有大量的皇家建筑，它们不仅本身具有丰富的文化和历史，而且其室外陈设也是反映建筑功能和艺术历史的重要内容。古代工匠基于智慧与经验，建造出功能合理、舒适美观，符合帝王的生理、心理要求的室外陈设。它们是宫殿建筑的重要组成部分，其内容丰富多样，或为建筑附属小品，或为各种器物，或为形象各异的雕塑。不仅如此，这些陈设集使用功能、艺术及文化寓意于一体。如天坛圜丘坛有燎炉，寓意皇帝祭天时与上天的“感应”；颐和园乐寿堂庭院内陈列着铜鹿、铜鹤和铜花瓶，取意为“六合太平”；北海公园内琼岛北山腰处的铜仙承露盘，铜仙双手托盘，面北立于蟠龙石柱上，铜盘可承接甘露，为帝后拌药，寓意帝王延年益寿。而紫禁城是由单座建筑为基础组成的庞大建筑群，其中轴线空间序列雄壮宏伟、森严肃穆的气势，唤起人们崇敬、震撼的情感，以表达总体布局的立意。众多庭院的空间，主要由建筑造型及外檐装修的变化来表达不同的意境。同时，又利用多种艺术手段渲染出庄严崇高、神圣威严、富丽堂皇、清静安逸等环境气氛，室外陈设与园林植物，便是其中主要的艺术手段。[①]这些室外陈设内容众多，且与建筑功能紧密结合，并表达出丰富的文化寓意。如天安门前后的华表，具有帝王纳谏的寓意；太和门两侧有石亭和石匣，石亭内放嘉量，寓意皇帝驾驭宇宙时空[②]，石匣内放

① 茹竞华：《紫禁城室外陈设·园林植物》，《紫禁城》，2002年第4期，第8—15页。

② 王子林：《太和殿前的嘉量与日晷——皇帝驾御宇宙时空的象征》，《紫禁城》，1998年第1期，第13—15页。

米谷及五线，寓意耕织均丰收；太和殿三台上的鼎炉，寓意帝王掌握国家政权；太和殿两侧的铜龟和铜鹤，寓意帝王统治的江山万古长久；乾清宫丹陛石两侧的社稷江山金殿，寓意山川、江河、谷神、土地神，亦寓意帝王对江山和土地的掌控。这些室外陈设，与紫禁城建筑的功能有着相似的象征意义，如“国富民安”“江山永固”“天下太平”“万寿无疆”等，又与宫殿建筑所需衬托的皇权、威严、庄重的气氛相协调，而且还能实现功能和艺术文化的统一，既能满足功能需求，还是精美的艺术品，并具有丰富的历史，达到了相互的和谐统一。本章以紫禁城室外陈设之石别拉、须弥座、铜缸为例，对其功能、艺术文化和历史之间的和谐统一进行解读。

第一节　石别拉——紫禁城的古代警报系统

故宫旧称为紫禁城，是我国明清两代的皇家宫殿，位于北京中轴线的中心，是中国古代宫廷建筑的精华。紫禁城于明永乐四年（1406）开始建设，以南京紫禁城为蓝本营建，到永乐十八年（1420）建成。紫禁城建筑平面为长方形，南北长961米，东西宽753米，四面围有高10米的城墙，城外有宽52米的护城河。紫禁城由外朝、内廷两大部分组成。外朝以太和殿、中和殿、保和殿为中心，东有文华殿，西有武英殿为两翼，是朝廷举行大典的地方。外朝的后面是内廷，有乾清宫、交泰殿、坤宁宫、御花园以及东、西六宫等，是皇帝处理日常政务和皇帝、后妃们居住的地方。1925年故宫博物院成立后，紫禁城成为我国最大的综合性博物馆。故宫总占地面积72万平方米，建筑面积约15万平方米，有大小宫殿70多座，房屋9000余间，是世界上现存规模最大、保存最为完整的木质结构古建筑群。

紫禁城的安全保障是极其重要的。这就需要预防外敌入侵，或者在外敌入侵时及时发出战斗警报。紫禁城传递警报的信号有多种。比如，白塔信炮报警。信炮修建在紫禁城西北侧的白塔山上，与紫禁城近在咫尺，只要接到紫禁城内出现危险的放炮令牌，炮手便会立即冲着天空开炮。驻扎在京城的卫士们听到炮响声后，必须迅速集合，各就各位，以及时抵御入侵的敌人。又如，紫禁城有腰牌与合符，上面刻有允许进入紫禁城的人员的身份信息。紫禁城四个大门的守护人员会及时检查出入紫禁城人员身上携带的上述身份信息，不符合者一律缉拿处理。下面要介绍的，是紫禁城内一种特殊的警报装置——石别拉①。

在介绍紫禁城内的警报系统石别拉之前，我们不妨先看一下当代

① 满语音译，原意为哨子。

的警报设施，以进行对比。我们去故宫参观的时候，随时可看到设置有很多监控设备。这些现代的高科技设备，就是为了及时发现潜入故宫的不法之徒，属于现代高科技警报系统。

清代的紫禁城设置的石别拉，一样有类似功能的警报系统，能够快速发出入侵警报。部分石别拉存留至今，只是如今不太引人注目。

一般来说，紫禁城的城墙和护城河，可以说是外围防御系统。但是如果有人越过了这些外围防御系统，侵入了紫禁城里面，那么古代人是如何把警报快速传递给故宫内外的警卫人员的呢？

为此，在清代的紫禁城的一些特殊位置，就设置了一种警报系统，称之为“石别拉”（或石海哨），见图5-1。据史料记载，顺治帝命侍卫府在外朝、内廷各门安装石别拉，分内外前三围。需要报警时，将三寸长的“小铜角”（一种牛角状的喇叭）插入石孔内，三围的石别拉就先后被吹响。每当遇到外敌入侵、战事警报或是火灾，守兵便用牛角状喇叭吹石别拉上的小孔，石别拉便会发出“呜、呜”的类似海螺声的警报声，浑厚嘹亮的声音便传遍整个紫禁城。

图5-1　石别拉
（图片来源：作者拍摄；时间：2017年）

这种石别拉，材料比较简单，实际是利用了紫禁城大量使用的栏板的望柱头改造而成的，而且它只使用一种莲瓣形状的望柱头。望柱也称栏杆柱，是中国古代建筑和桥梁栏板和栏板之间的短柱，其材料可为木造和石造。紫禁城的望柱一般为汉白玉石材制作。望柱分柱身和柱头两部分，图5-1所示的望柱头为莲花瓣形状，上面有24道纹路，象征二十四节气，因此又称为“二十四节气望柱头”，在紫禁城中轴线区庭院应用较多。而这种望柱头，则往往用来做石别拉。

这是内金水河的栏板(图5-2),它的望柱头形状是莲瓣的。

普通的莲瓣望柱头,实际上就是一块瓷实的石头,但是拿去加工成用于警报的石别拉的时候,就把莲瓣望柱头里面给挖空了,像一个空心葫芦,见图5-3。

图5-2　午门北金水桥上的实心望柱头
(图片来源:作者拍摄;时间:2017年)

图5-3　含有空洞的望柱头即为石别拉
(图片来源:作者拍摄;时间:2017年)

那么,这种石头的空心“葫芦”,怎么就能成为报警器了呢?当时的人们,一旦发现紫禁城内有侵入者,就会使用一个3寸(约10厘米)长的牛角状喇叭,插入石别拉的洞内,使劲吹喇叭,喇叭发出的声音,会通过石别拉的放大,飞快传遍四周(图5-4)。

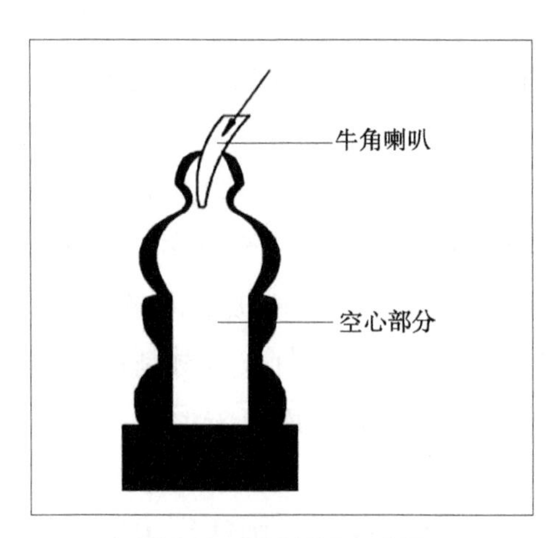

图5-4　石别拉使用示意图
(图片来源:作者自绘;时间:2017年)

就是这么一个简单的,同时跟普通紫禁城室外陈设很接近的石质构件,构成了紫禁城的警报网络。公众去故宫参观的时候,只要稍加注意,细心观察莲瓣形望柱头,若里面是空心的,就是我们所说的石别拉了。

那么,紫禁城哪些地方设置有石别拉呢?根据统计,有太和门广场、乾清门区域、坤宁门区域、东华门区域、西华门区域（图5-5）。一言以蔽之，这种石别拉几乎覆盖了整个紫禁城。

图 5-5　熙和门以东石别拉
（图片来源：作者拍摄；时间：2017 年）

需要说明一点，由于历经数百年沧桑，目前故宫内，很多石别拉发生了一些变化，比如洞口可能被各种杂物堵上了，或者在修缮过程中被新的石材替换了。

当然，石别拉只是紫禁城警报系统的一个环节。这里简单介绍一下古代紫禁城警报系统的传递路线，并对其警报效能进行简单的评估。

假设有外敌从故宫的午门入侵，则石别拉的报警传递路线为以下步骤：

第一，午门阙亭的守卫会敲响阙亭里面设置的警钟。钟声会传至太和门广场。

第二，太和门广场的守卫听到警钟，就会吹响石别拉。设置在不同区域的石别拉，会把报警的声音次第传至东华门、西华门、三大殿、乾清门等重要区域。

第三，乾清门的警卫听到警报声，继续吹响石别拉。报警音传至景运门、隆宗门、坤宁门等处。

第四，坤宁门的警卫听到警报声，继续吹响石别拉。报警音传至神武门。

根据估算，以上四步，1分钟内就可以完成。也就是说，如果发现午门有入侵者，那么在1分钟内，紫禁城所有位置的守卫都能听到警报声。于是他们会从各处前往午门抵御入侵者战斗。

比如，清嘉庆时期，就有天理教攻入紫禁城事件。嘉庆年间，清政府已经比较没落了，土地高度集中，贪污腐败盛行，天灾接踵，民不聊生。其间，有农民和破产的手工业者组成了民间秘密团体，被称为天理教，其矛头直接就指向清政府。天理教的主要首领是北京大兴人，名叫林清。林清通过各种手段拉拢人入教。林清为了攻打紫禁城，在北京宣武门外租了一间房，以卖鹌鹑为掩护，结识了一些宫里来买鹌鹑的太监，并拉拢他们入教。这样一来，宫里就有内应了。嘉庆十八年（1813）九月十五日，正当嘉庆皇帝颙琰在热河秋狝之际，林清认为时机成熟，安排两路教徒分别从东华门（100多人）、西华门（60多人）攻打紫禁城。进攻东华门的一支由陈爽带头，太监刘得财、刘金负责引路；进攻西华门的一支由陈文魁带头，太监杨进忠、高广福、张泰负责引路。林清则坐镇宋家庄，等待河南兵至而后进。十五日午时，太监刘得财引陈爽一队来到东华门，与一名运煤人为争道发生争执，众教徒拔刀将其杀死。守门官兵见后立即关门，但仍有陈爽等数人冲了进去。在协和门下，署护军统领杨述曾当即率领几名护军拼死抵抗，连杀数人，官兵也有多人受伤。此时守卫在协和门区域的士兵即吹响石别拉，紫禁城立刻启动警报系统。远在养心殿的皇次子绵宁（后改为旻宁，即后来的道光皇帝）获得警报后，闻变不惊，从容布置，传令关闭紫禁城四门，组织太监把守内宫，召官兵入紫禁城围捕起义军。同时，他命刚刚18岁的皇三子绵恺保护后宫，寸步不离母后，并命侍从取来刀箭和火枪，与贝勒绵志（仪慎亲王永璇之子）御“敌”。在西华门这边，由于守卫松懈，关门不及时，80余名天理教徒全部冲入了紫禁城，并反关城门以拒官兵。头等侍卫那伦是太傅明珠的后裔，这天正好在太和门值班，听到警报后，急忙入宫，到熙和门时，门已关闭。此时起义军们从北面蜂拥而至，那伦当场被杀死。这时候，宫里的火器营兵（火枪手）近千人赶来，与教徒们在隆宗门展开了激战。部分教徒被捕，还有部分教徒藏在了宫里不同的地方。随后几天，清兵们在宫里大规模搜捕，抓到了藏匿在宫中的起义军，并盘查出了宫里参与该事件的太监内应，一并抓捕。该事件史上称为“癸酉之变”。

紫禁城的石别拉，在建筑学上也具有一定特色。它巧妙地利用了紫禁城各个庭院内的栏板望柱头作为警报装置，兼有欣赏和实用的双重功能。一方面，这些望柱头形状和纹饰未受到改变，在紫禁城内起到了很好的装饰作用，形成建筑外形与紫禁城的建筑装饰的和谐；另一方面，通过对部分二十四节气形式的望柱头开孔，使之成为警报器，这些望柱头又有了实用性功能，形成实用功能与紫禁城本身的功能需求之间的和谐。石别拉在紫禁城的应用，可以说是紫禁城建筑艺术与建筑技艺结合的一个典范。

第二节　须弥座——重要宫殿建筑的基座

公众如果去故宫参观，会看到很多重要的建筑、门洞，尤其是中轴线建筑，它们都是立在一层层石块堆砌而成的基座上的。这种古建筑的基座，我们称之为“须弥座”。须弥座是古建筑的底座，也可以说是古建筑地上的基座。无论古建筑的体量多大，当它坐落在石砌的须弥座上边，就会给人以厚实、稳重之感。紫禁城中轴线上的建筑功能极其重要，其底座大多采取白色石质须弥座形式，既满足了建筑承载力需求，又在建筑艺术、建筑色彩等方面与建筑整体形成有机的统一。

须弥座是在东汉初期（约公元1世纪）随佛教从印度传入我国的，最初用于佛像座。“须弥”一词，最早见于译成中文的佛经中，也有译为“修迷楼”的，为“稳固”之意。在佛经中，佛像座被称为“须弥座”。从现存唐宋以来的建筑及建筑绘画来看，须弥座用于台基已非常普遍。而建于明代的紫禁城中轴线的建筑，是紫禁城中最典型、最重要的建筑，其基座几乎全部采用了须弥座的形式，如图5-6所示的太和殿基座、图5-7所示的神武门城台基座均为须弥座形式。这两种须弥座形式属于单层须弥座。

图5-6　太和殿基座
（图片来源：作者拍摄；时间：2017年）

图5-7　神武门须弥座
（图片来源：作者拍摄；时间：2017年）

如果仔细查看，我们还会发现，以故宫三大殿而言，不仅它们自身的建筑底座是须弥座形式，甚至其下面的高台也做成了三层须弥座形式，我们称三层须弥座为“三台”，见图5-8。这种须弥座形式，只限于用在极其重要的建筑上。紫禁城太和殿、中和殿、保和殿的须弥座高台为三台形式，这是皇宫最高等级的高台。这种石雕须弥座构成的高台，与之相匹配的有石陛、石栏杆，以及沿台边设置的排水设施（小型喷水兽）。在台的转角处，于圭角之上立角柱，角柱上为体型较大的排水设施（大型喷水兽）。这些排水设施除了发挥应有的功能外，还点缀着高台外立面，形成高大雄伟的气势。

图5-8 三台近照
（图片来源：作者拍摄；时间：2014年）

从形式上看，须弥座在印度最初采用栅栏式座样，引进我国后才有了上下起线的叠涩座，这大概是受到犍陀罗风格影响。六朝时期，须弥座的断面轮廓非常简单，在云冈北魏石窟中，可以看出它在我国的早期形象，无论是佛像之座，还是塔座，线条都很少，一般仅上下部有几条水平线，中间有束腰。在唐代，须弥座外形有了较大的变化，叠涩层增多，外轮廓变得复杂起来，每层之间有小立柱分格，内镶嵌壶门，装饰纹样增多。宋辽金时期，须弥座外形走向繁缛，宋代

《营造法式》规定了须弥座的具体分层做法。元代时期，须弥座形式走向简化。而明清时期，须弥座形式较为简练，装饰走向细腻与丰富，各部位多有较多的纹饰。紫禁城须弥座一般由一块大石头分层雕刻而成，其可分为7层做法和9层做法，而后者的做法更凸显建筑的重要性。其中，7层须弥座由下至上各部分的名称分别为：土衬、圭角、下枋、下枭、束腰、上枭、上枋；9层须弥座由下至上各部分的名称分别为：土衬、圭角、下枋1、下枋2、下枭、束腰、上枭、上枋1、上枋2。在须弥座的中部（束腰）和下部（圭角），还往往会有一些纹饰。束腰位置的纹饰一般为椀花结带，寓意通常是江山万代之类。圭角位置的纹饰，一般为素线卷云形式。

举例来说，太和殿作为紫禁城中最重要的建筑，其建筑底座的须弥座几乎每一层都有纹饰。其上枋和下枋都雕刻卷草花边，上枭和下枭为仰覆莲瓣式样，束腰在转角处雕刻如意金刚柱子和椀花结带，圭角在靠近转角处雕刻如意云，在台基中间适当的位置亦增加如意雕饰。

前朝三大殿下的须弥座，所有部位都刻有纹饰，是所有须弥座中最为华贵的形式。由于建筑等级不同、功能各异，三大殿虽然在同一台基之上，但其雕刻纹饰亦有所区别。太和殿须弥座的上、下枋都刻有卷草纹，上、下枭都刻有莲花瓣，束腰有椀花结带；而中和殿、保和殿在下枋均刻有较为活泼的八宝图案。这种细微的纹饰变化，不仅区别了三大殿的功能与等级，同时还彰显了太和殿的庄严与肃穆。卷草图案起源较早，是民族传统工艺图案，常用于边饰。八宝图案盛行于明清时期，为吉祥纹饰。另椀花结带的纹饰中，“椀”与“万”谐音，“带”与“代”同音，“结”与“接”谐音。带的纹样不仅在形式上美观，而且能引发诸多联想。两条不断的带互相缠绕，寓意“江山万代，代代相接”。椀花结带图案用于紫禁城须弥座基础上，其寓意深厚，充分表达了帝王们统治“江山万代”的思想。

相比中轴线的建筑，那些分布于紫禁城中轴线两侧的、不那么重要的值房之类，它们的基座就没有采取须弥座形式，仅为普通的台基（图5-9）。这种台基是用砖石砌成的突出的平台，四周压面包角。台基虽不直接承重，但有利于基座的维护与加固，不仅如此，还有衬托美观的作用。

图5-9　乾清门广场值房台基无须弥座做法
（图片来源：作者拍摄；时间：2018年）

但是须弥座在紫禁城的设置，有一个巨大的例外。这就是在紫禁城中轴线上的重要建筑之一的坤宁宫，它的基座就没有采取须弥座的形式，而仅仅采取高台形式（图5-10）。高台即高高的台基，也就是说，建筑物建造在高高的台基上。这种台基中心部位为夯土，四周用砖砌筑以进行维护。高台的作用不仅有利于建筑防潮，而且可以扩大建筑使用者的视野，提高建筑的安全防护性能。

图5-10　坤宁宫高台基无须弥座做法
（图片来源：作者拍摄；时间：2018年）

坤宁宫的高台基础与其在历史上明清交替时期的功能变化密切相关，从而关联到一个历史事件：清军入关。

在明代的紫禁城中，坤宁宫是皇后的寝宫。可是，清顺治元年（1644）清军入关后，坤宁宫的功能就随之发生了变化。清军入关后，进入了北京的紫禁城。清朝皇室有一个习俗就是萨满祭祀，这种由萨满主导的活动，集自然崇拜、图腾崇拜和祖先崇拜于一体。

顺治十二年（1655），顺治皇帝在皇宫中为萨满祭祀活动选址，他看中了坤宁宫，于是对坤宁宫进行了相应的改造。从此，坤宁宫的建筑格局被做了针对性的修改，变成了清廷祭祀的场所。而在坤宁宫的改造过程中，施工人员参照了沈阳（当时的盛京）的清宁宫的建筑格局。——沈阳的清宁宫与其他四座建筑，共同坐落在一个高3.8米，长和宽均为67米的高台之上。满族建筑的最重要特征之一，就是建筑台基很高。建筑学者认为，满族把建筑及院落整体做成台基形式，主要缘于远古时代对安全及瞭望的需要，到后来，这种台基形式逐渐演化成为古代满族贵族民居的身份象征。相应的，坤宁宫在当时的改造过程中，它的台基很可能受到了改动，以模仿清宁宫。坤宁宫因此就不同于其他紫禁城建筑，它的台基做得很高，且不用须弥座的形式，体现出了满族建筑的某些特点。

由上可知，紫禁城的须弥座用于重要宫殿建筑的基座，使得须弥座的“稳固”寓意与帝王对宫殿建筑稳固长久的期盼形成“和谐”；须弥座上丰富的纹饰寓意又与帝王对江山长治久安的期盼形成“和谐”；须弥座建筑与不设须弥座的建筑形成封建礼教的“和谐”；同时，须弥座的样式变化亦能反映出紫禁城部分宫殿建筑在各个特定历史时期的功能变化，因而与历史进程形成一种“和谐”。

第三节　水缸——紫禁城防火的设施

我们都知道，紫禁城中轴线上分布的建筑群都是非常重要的，在前朝区有代表皇帝执政地位的三大殿，而在内廷区有帝后生活场所的后三宫。伴随着这些重要建筑的室外陈设，最常见的，就是广泛设置的大水缸。

如果我们从午门进入太和门广场，很快就注意到太和门两侧有铁缸，共4个。之后我们穿过太和门，进入太和殿广场，亦可看到太和殿广场周边有很多铁缸，共38个。继续沿着中轴线方向北行，可看到太和殿两旁有鎏金铜缸，共4个。进入乾清门广场之后，我们看到的铜缸和铁缸共14个，其中鎏金铜缸10个。乾清门北面是乾清宫。乾清宫两侧的下沉广场有铁、铜缸共18个，其中鎏金铜缸4个。乾清宫北面的坤宁宫，其两侧下沉广场亦有铁缸4个。此外，坤宁门两侧、御花园内都有铁缸，共8个。继续北行，在钦安殿两侧我们也可以看到2个铜缸。等到了故宫的北门（神武门），我们就看不到铁缸或铜缸了。这是因为神武门广场靠近筒子河，取水方便，因此不设水缸。

根据统计，紫禁城中轴线上共设置铜（铁）缸96个，其高度在1.0～1.4米不等，直径1～2米不等。一般来说，铁缸是明代时铸造的；铜缸有明代的，也有清代的；鎏金铜缸（22个）则均是清代铸造的。除了中轴线的重点区域外，紫禁城其他位置还有铜（铁）缸。据《大清会典》记载，清宫中共有大缸308个，其管理部门为内务府营造司。紫禁城中设置大量铜缸的最初意图是用来防火，但实际存在的价值绝不仅仅局限于消防，它同时还是宫内大殿、庭院中不可或缺的陈列品。清代宫中各处陈设吉祥缸的质地、大小、多少都要随具体的环境而定。鎏金铜缸等级最高，因此要设置在皇帝上朝议政的太和殿、保和殿两侧以及用于“御门听政”的乾清宫外红墙前边，而在后宫及东西长街，就只能陈设较小的铜缸或铁缸了。

图5-11　紫禁城里的铜缸
（图片来源：作者拍摄；时间：2017年）

仔细查看这些大缸，可以发现，紫禁城中的大缸具有几个主要特点：缸体普遍比较大，里面可以盛放比较多的水；两边一般都有兽面和拉环，以方便搬运。其中，兽面所代表的怪兽的名字叫作椒图，是龙的第5个孩子，性格封闭保守（见图5-11）；缸体普遍被石块支起来了，就像灶台一样，下面可以生火（同见图5-11）。

从这些特点可以看出，这些缸的主要功能就是用来装水的，而缸底下之所以设置生火空间，就是准备用来在冬天生火，以防止缸内存水结冰。

这些缸，在明清时期被称为“门海”或“吉祥缸”“太平缸”，主要用途就是执行防火任务。紫禁城的古建筑主体受力体系为大木构件。这些大木构架，很容易着火（包括人为失火、雷击失火等）。以太和殿为例，太和殿自明永乐十八年（1420）建成至今，至少着火5次，其中雷击起火3次。这样的火灾频次，紫禁城建筑的防火责任就很重了。要灭火，水源就很重要。紫禁城的水源，有城墙周边的外金水河和内金水河，此外，宫中还分布有83口井亦可用于灭火。但是如果再细心一点，就会发现，紫禁城中轴线附近的建筑周边，根本就没有井，而且河流也只有太和门广场南部才有内金水河穿过，其他的建筑群都没有能够取水的水源。这样一来，就只能设置大量的水缸充当应急消防水源了。

值得一提的是，紫禁城的这些大缸，不仅是紫禁城火灾历史的见证，同时也多次亲历了其他的历史事件。比如，清光绪二十六年（1900）八国联军攻陷北京，在紫禁城里搞了一次“阅兵”。是年，早已蓄谋瓜分中国的外国列强，为了继续攫取在华的更大权益，镇压以“扶清灭洋”为旗号的义和团的反抗运动，由英、美、法、德、俄、日、意、奥8个国家拼凑起一支“八国联军”，对中国发动了野蛮的武装侵略。8月14日，他们攻入北京；次日清晨，慈禧太后与光绪皇帝仓皇出逃。继40年前英法联军入侵之后，古都北京再度沦陷。关于如何处置紫禁城的问题，举行了一次外国公使与将军的会议。在会上，对这个问题有不同的意见。有人主张，如果紫禁城真的一点未受骚扰，中国人就会相信有神明护佑，不让圣地被可恶的洋人践踏玷污。因而认为最好是占领紫禁城，至少也要进一下城，为的是粉碎中国人的迷信，并且教训一下中国人，让他们知道处于联军的掌握之中了。于是与会各国公使、军事头目议定：选派代表各个国家的“小分队”进宫，具体人数则大体按照各国军队的实际比例而定。初步决定的行军序列，依次为日军、俄军、德军、英军、美军、法军、意军、奥军。1900年8月28日，这些来自8个国家的侵略者，穿着各自不同的军服，吹着不同的号角，奏着不同的乐曲，举着不同花色的国旗，在只有中国皇帝才能走的紫禁城中轴线上缓缓前行，耀武扬威。他们在紫禁城为所欲为。这帮“参观者”，居然在酷热的天气里穿着厚厚的大衣和斗篷，“顺”走了宫里大大小小多件文物，如项链、勋章、玉玺、钟表等，甚至连宫里养的哈巴狗也被当作战利品抱走了。三大殿台基上的8口鎏金铜缸，既是宫中的消防储水用具，又是颇有气势的建筑陈设，八国联军进宫后竟用刺刀在上面疯狂地乱刮，直至华美的鎏金层完全剥落，见图5-12。这些刺刀伤痕，成了中华民族近代史伤痕的一部分。

图5-12　太和殿前铜缸刀痕累累
（图片来源：作者拍摄；时间：2017年）

此后，紫禁城的水缸再次遭灾是在1917年。是年6月，张勋借口调停段祺瑞、黎元洪之间的矛盾，率领5000“辫子兵”开进紫禁城，逼迫黎元洪解散国会。6月30日，张勋等人悄悄跑到了紫禁城里去“觐见”溥仪，谋划请溥仪重新登基，恢复帝制。7月1日凌晨，溥仪重登皇室宝座。张勋、康有为一武一文两位“圣人”，率领复辟群臣入朝“觐见”；溥仪以皇帝名义颁发九道“上谕”，宣布恢复清朝，皇帝重新归位。张勋复辟激起全国各派势力的联合讨伐。7月11日，南苑航空学校奉国务总理段祺瑞之令派飞机进行轰炸。飞机是法国制造的双座教练机。此机除了教学外只能作观测用，需要乘员从机舱里用手往外投掷手榴弹。轰炸目标是辫子军在丰台的阵地、张勋在南河沿的住宅、紫禁城乾清宫。

12日下午3时，航校奉命参加作战。飞行教官潘世忠亲自驾驶该校最大马力飞机，由学员杜裕源担任投弹手，载着炸弹3枚（各12磅重），去轰炸溥仪所居的紫禁城。[①]飞机在紫禁城内距离地面300米高度超低空飞行，既无投弹仪器，又无瞄准机。杜裕源手持炸弹，先以牙齿咬掉炸弹保险针，然后寻找合适的地面目标，伺机投下。杜裕源后来有这样的回忆：我校于12日下午3时奉令参加作战，先派飞机1架去炸皇宫，带炸弹3枚。每弹重量12磅。第一枚爆炸，炸死太监1人，小狗几只；第二枚炸毁大缸1个；第三枚炸弹未经爆炸而溥仪已大为恐慌，曾命世续与我校之临时司令部通一电话，说：“请贵校飞机不要进城，我们皇帝是不愿做了”等语……炸过皇宫后，继又派飞机1架，带炸弹2枚炸南池子张勋住宅。第一枚炸毁大鱼缸1个，鱼缸崩裂，水花乱飞；第二枚炸毁张勋住室，砖瓦尘土乱飞。张勋惊恐万分，不知所措，随即由荷兰使馆派汽车一辆，张勋同秘书长万绳栻逃入荷兰使馆……

紫禁城水缸遭受的最大一次劫难，是在1945年，即故宫博物院成立的第二十个年头。此时日本侵华战争进入失败阶段。由于武器的供应严重不足，为了扩大武器弹药生产，日军在中国占领区内疯狂搜刮铜、铁等金属资源，以供其制造枪炮之用。据档案史料记载，

① 杜裕源：《南苑航空学校学员参加讨伐张勋复辟的回忆》，见《文史资料存稿选编》第1卷，中国文史出版社2002年版，第747页。

1942—1945年期间，日军在北京发动了三次“献铜运动”，即号召北京市市民和各个机构捐献铜类材料。伪北京特别市政府为了更好地完成“献铜”任务，1942年专门成立了“大东亚战争金品献纳委员会”，负责搜刮公有和民间的铜品、铜物。各机关、厂矿、学校、商店以及市民家中的铜品早已搜罗殆尽。被逼迫的市民无奈只得四处搜集，交出铜佛像、铜门把手、铜墨盒、铜钱币、铜徽章以及其他一切铜制品，完成缴纳指标。第一次大规模“献铜”运动，始于1942年10月20日，以一个月为限。随后，日军又于1943年8月24日，开展第二次“献铜”运动。1945年，战争进行到最后阶段，日军的掠夺也更加疯狂。3月29日，日本北京陆军联络部又致函伪北京特别市政府，要求在北京开展第三次“献铜”运动。侵华日军北京陆军联络部致函伪北京特别市市长，要求“北京特别市官民”，“献纳（供出）各自存有之一切铜类，以资直接增强战力，藉以实现大东亚共荣圈之确立”。12月7日，时任故宫博物院院长马衡报告：“案查本院被征用之铜品2095市斤外，计铜缸66口，铜炮1尊，铜灯亭91件，此外，尚有历史博物馆铜炮3尊，本院之铜缸及历史博物馆之铜炮系由北支派遣军甲第1400部队河野中佐于三十三年六月十九日运协和医院，该部队过磅后，运赴东车站，闻系装车运往朝鲜。”

如今的紫禁城，现存大缸231个。分布于紫禁城中轴线上的铜、铁缸，其主要功能已经不再是防火。经历了岁月的洗礼之后，这些水缸成为了紫禁城历史文化的重要组成部分，并且得到了妥善的保护。

紫禁城水缸的实用功能，与紫禁城的防火需求形成一种和谐，成为紫禁城古建筑群保存至今的重要安全保障。紫禁城的水缸工艺精湛，造型别致，与紫禁城精美的建筑形成和谐与统一。同时，紫禁城水缸沧桑的命运，又是紫禁城本身沧桑历史的印证。今天紫禁城的主人，会更加珍惜这来之不易的文化遗产，更好地保护和修复它们，让它们成为紫禁城历史、文化和艺术和谐统一的重要内容。

第六章

古建筑命名的和谐思想

建筑命名是体现建筑功能的主要表现形式。北京古都的建筑不仅仅在形制和构造上表现出皇家气派，而且其命名亦能体现我国传统文化中的和谐思想。其典型代表之一，即为儒家文化中的和谐思想。在我国传统文化中，儒家思想可谓极具影响力的主流文化之一，自汉代以来一直对我国封建社会的政治、经济、文化各方面产生最为明显的影响，且长期一统我国古代社会思想领域，对帝王治理国家、维护政权统治起到较为明显的辅助作用。儒家文化的和谐思想的内涵丰富复杂，其提倡德政、礼治和人治，以“内圣外王”思想为核心，追求德行的完善和人的道德价值实现，主张“义以为上”的道德取向，重视主体与客体之间的适宜性和协调性，是封建皇权发展而成的基础理论和思想[1]。下面以紫禁城古建筑命名为例，对其中体现的和谐思想进行探讨。

① 樊海源，崔家善：《中华儒家思想之理论旨要与时代价值》，《学术交流》，2015年第3期，第45—50页。

第一节 “内圣外王”思想

“内圣外王”是儒家思想的重要组成部分，该思想最早见于战国思想家庄子所著《庄子·天下篇》。书中载有：“圣有所生，王有所成，皆原于一。”这句话的意思是，古代的圣人和王者都有着共同的来源，这个来源就是“道”。书中又有：“内圣外王之道，暗而不明，郁而不发，天下之人各为其所欲焉以自为方”。这句话的意思是，内圣外王的道法，是高尚品格和政治抱负的结合，表现得低调含蓄，天下人追求之，见仁见智。这种“内圣外王”思想后来就逐渐成为儒家所追寻的崇高境界。其中，“内圣”指的是品德修养达到圣人的境界，“外王”是指具有强大的执政能力，可执行王道。《论语·宪问》里也提到“修己以安百姓”。其中，“修己”就是“内圣”的体现，而“安百姓”则是“外王”的体现。“内圣”“外王”相辅相成，为对立统一关系。“内圣”是“外王”的必备基础和前提条件，而“外王”是基于“内圣”而展现出来的合理化结果①。“内圣外王”的儒家思想表明：在不断提升自身修养的基础上，才会有能力治理好国家，实现国泰民安的功业。紫禁城部分古建筑的命名，充分体现了“内圣外王”的和谐思想。

（一）“内圣”思想。紫禁城部分古建筑的命名，体现了“内圣”思想。如养心殿为清雍正及以后皇帝的寝宫，其位置在紫禁城的西北部（乾清宫的西侧），建筑匾额见图6-1。“养心

图6-1 养心殿匾额
（图片来源：作者拍摄；时间：2017年）

① 韩星：《内圣外王之道与当代新儒学重建》，《新疆师范大学学报（哲学社会科学版）》，2016年第6期，第19—28页。

殿”之“养心”源于“养心莫善于寡欲”（见《孟子·尽心章句下》），其含义为：控制欲望的做法，是修心养性的至高境界。养心殿院落内的西暖阁，有一个面积不足五平方米的空间——三希堂。三希堂曾是乾隆皇帝的书房。建筑匾额上的文字“三希堂”，“三希”即“士希贤，贤希圣，圣希天”，源于北宋哲学家周敦颐所著《通书·志学》，意思是：士人希望通过自己努力成为贤人，贤人希望通过进一步努力成为圣人，圣人还希望通过努力成为知天之人。乾隆帝希望通过“三希”的命名，来鼓励自己不断进取，达到“内圣”境界。乾清宫西侧有一体量较小的宫殿，名为弘德殿，曾经是清代皇帝读书、办理政务的场所。“弘德”一词中，“弘”源自儒家经典《尔雅》中的“弘，大也”；“德”则源于战国思想家荀子的“不知则问，不能则学，虽能必让，然后为德”（《荀子·非十二子》）。“弘德”的含义，即“弘扬高尚品德”。弘德殿前的抱厦挂有“奉三无私”的匾额，后室挂有“太古心殿”的匾额，后东室挂有“怀永图”的匾额。这些匾额的命名，都是皇帝修心养性，不断自我提高理念的体现。还有如位于乾清宫西侧的懋勤殿，曾经是明清皇帝理政和读书的场所。“懋”为勤奋努力之意，“懋勤”即不断努力，勤勉理政。紫禁城内上述建筑的命名，体现了皇帝“内圣”的思想，亦是儒家思想文化在紫禁城建筑中的体现方式之一。

（二）“外王”思想。对于紫禁城帝王而言，“外王”思想主要反映了皇帝的治国理念。部分紫禁城的古建筑命名，体现了“外王”思想，如前朝三大殿太和殿（图6-2）、中和殿、保和殿的命名，“太和殿”“保和殿”的名字源于儒家经典《周

图6-2　太和殿匾额
（图片来源：作者拍摄；时间：2017年）

易》中的“保和大和乃利贞”[①]。其中，“大”表示“太”的意思，“太和”寓意宇宙间万事万物和谐而统一。“保和”的意思就是神志专一，以保持万物和谐。中和殿之“中和”二字取自《礼记·中庸》：“中也者，天下之本也；和也者，天下之道也。”[②]这句话的意思是勉励皇帝办事不偏不倚，遵守中庸之道，这样天下万事万物才能兴旺发达。又如内廷后三宫的建筑命名，“乾清宫”“坤宁宫”“交泰殿”的名字均源于《周易》[③]。《周易·乾卦》有：“大哉乾元，万物资始，乃统天。”这句话的意思是，宏大的乾元（天）之气是万物生长和发展的源泉和动力，而这种动力不断贯穿于上天运行的道法中。《周易·坤卦》有：“至哉坤元，万物资生，乃顺承天。”这句话的意思是，有了伟大的坤元（地）之气，大地上万物生灵得到了滋润生长，这就是对上天表达出来意愿的呼应。《周易·泰卦》有：“天地交泰，后以财成天地之道，辅相天地之宜，以左右民。”这句话的意思是，天地之气相交，双向互动，这有利于万事万物的发展；君王往往利用这种规律来裁定执政法规，来管理天下百姓，以达到国泰民安。可以看出，不论是前朝三大殿还是内廷后三宫的建筑命名，都体现了明清帝王的“外王”思想，即和谐、顺应自然规律。

① 黄寿祺，张善文：《周易译注》（修订本），上海古籍出版社2001年版，第5—6页。

② ［清］阮元校刻：《十三经注疏》，中华书局1980年版，第1625页。

③ 黄寿祺，张善文：《周易译注》（修订本），上海古籍出版社2001年版，第25页。

第二节 “天人合一”思想

所谓“天人合一”，我国古代哲学普遍认为，“天”可指最高主宰，也可指广大自然，还可指最高原理；“合一”则是指对立的双方彼此有密切相连不可分离的关系，这种关系具体表现为“究天人之际，通古今之变”，即建立人与天的和谐关系[①]。儒家经典《周易·系辞》里有：“易之为书也，广大悉备，有天道焉，有人道焉，有地道焉，兼三才而两之，故六。六者，三才之道也。”[②]这句话的大意是，《周易》本书，含有天、地、人的道理，三者兼合，就会出六爻的卦。六爻没有其他用途，就是体现这三种本质的方法。“天人合一”说明了宇宙中“天、地、人”为一体的和谐思想。

紫禁城古建筑命名亦体现了“天人合一”的和谐。“紫禁城”这个名字的来源与“天人合一”思想有着非常密切的联系。在古代，皇帝被称为“天子”，皇帝的居所亦被称为“天子的宫殿”。我国最早的一部百科词典《广雅》有：“天宫谓之紫宫。”《晋书》有：“紫微垣十五星，一曰紫微，天帝之座也，天子之所居。”[③]紫微星即北极星，位于中天，为群星所环绕。古人认为，紫微星为天帝居所，其对应于地上的位置，即为皇帝的执政及生活居所，故谓“紫禁城”，见图6-3。又如乾清宫东庑（配房）的正中大门为日精门，象征太阳；其西庑正中大门的名字为月华门，象征月亮；日精门和月华门命名，象征紫禁城的地位能够与日月争辉。再如紫禁城东六宫之承乾宫，“承乾”即“顺承天意”之意；东六宫之景阳宫，“景阳”即“景仰光明”之意；西六宫之太极殿，“太极”即宇宙最原始的混沌状态，

---

① 陈强：《论中国古代“天人合一”思想的非宗教性》，《东岳论丛》，2010年第6期，第83—86页。

② 黄寿祺，张善文：《周易译注》（修订本），上海古籍出版社2001年版，第602—603页。

③［唐］房玄龄：《晋书》，中华书局1974年版，第289页。

寓意对自然规律的顺应。上述建筑的命名，与天体或自然运行规律密切相关，体现了儒家“天人合一”的思想。

图 6-3　紫禁城北视
（图片来源：作者拍摄；时间：2018 年）

第三节 “阴阳协调”思想

“阴阳”理论是我国古代哲学思想中和谐理念的体现，即万事万物均为对立统一关系，并形成物质世界的运动，如《周易·系辞》里有：“一阴一阳之谓道，继之者善也”[①]，“阳卦多阴，阴卦多阳”[②]，“乾，阳物也；坤，阴物也。阴阳合德，而刚柔有体”[③]，等等。由此可知，“阴阳”为一种具有普遍适用的规律或者法则，整个宇宙世界是在“阴”“阳”两种相反的力量相互作用下，不断发展、运动、变化、更新的。

关于“阴阳”的具体内容，文献[④]认为可包括阴阳两种元气，也可是明暗、向背、刚柔、虚实、正反、动静、上下、凸凹等不同的物性，还可是天地、日月、男女等不同的事物。一般而言，“阳”表示阳光或者任何与阳光相连的事物，如主动、明亮、男性、日、热、坚硬等；“阴”则表示没有阳光的阴暗或与阴暗相关的事物，如被动、黑暗、女性、夜、冷、柔软等；二者构成了相互补充的符号[⑤]。

紫禁城的部分古建筑，其命名巧妙地实现了“阴阳协调”思想。位于紫禁城东边的建筑，如：内左门（位于乾清门之东）、万春亭（位于御花园东侧）、文华殿（位于外朝东路）、承乾宫（位于内廷东路）、龙光门（位于乾清宫东侧）、日精门（位于乾清宫东南侧）等，建筑的命名具有“阳”的特点。与之相对应，紫禁城西边的建筑，其命名分别为：内右门（位于乾清门之西）、千秋亭（位于御花园西侧）、武英殿（位于外朝西路）、翊坤宫（位于内廷西路），凤彩门（位

① 黄寿祺，张善文：《周易译注》（修订本），上海古籍出版社2001年版，第538页。

② 黄寿祺，张善文：《周易译注》（修订本），上海古籍出版社2001年版，第580页。

③ 黄寿祺，张善文：《周易译注》（修订本），上海古籍出版社2001年版，第589页。

④ 金开诚：《文化古今谈》，新世纪出版社2001年版，第34页。

⑤ 吴全兰：《阴阳学说的哲学意蕴》，《西南民族大学学报（人文社会科学版）》，2012年第1期，第55—59页。

于乾清宫西侧）、月华门（位于乾清宫西南侧）等，其命名与“阴”密切相关。其中，“左”为阳，“右”为阴；“春”为阳，“秋”为阴；“万”为阳，“千”为阴；“文”为阳（“文”表示春），“武”为阴（“武”表示秋）；“乾”为阳，“坤”为阴；“日”为阳，“月”为阴；“龙”为阳，“凤”为阴。这种“阴阳协调”思想，亦是紫禁城建筑命名哲学意境的体现。

第四节 “崇九”思想

古人认为，“九”是一个不同一般的数字，充满神秘之感，因为它是由龙形（或蛇形）图腾演化而来的数字，具有“神圣”的寓意。“九”是阳数的极数，也就是单数中最大的数。医经著作《素问》中有“天地之数，始于一，终于九”，这里“九”寓意“极限”。“九”在我国古代文化还有“大”之意，如我国亦称“九州”，天高亦称“九天”，深渊亦称“九泉”，等等。[①]同时，“九”还代表数目之多。如民间传言紫禁城古建筑的房屋间数有“九千九百九十九间半”（古建术语中，四根柱子围成的空间称为一间房，故宫实际现存房屋9371间[②]），可反映紫禁城古建筑数量众多。紫禁城部分古建筑的命名，亦通过数字“九”来体现其重要性和显著地位。可以认为，数字“九”是古代帝王“崇天”思想与社稷江山宏大思想的统一，这也是一种和谐。

如紫禁城乾清门南侧设有“九卿朝房”，为清代较为高级的官员等待皇帝接见、召见的地方。清代的九卿主要有六部（吏、户、礼、兵、刑、工）、都察院、通政使司、大理寺的主管官等[③]。又如紫禁城宁寿宫花园（今珍宝馆）入口50米处有一座东西向的影壁，其名称为“九龙壁”。九龙壁的壁芯雕刻有九条龙，中间为“正龙”，寓意皇帝；正龙两边各有四条“升龙”或“降龙”，寓意八旗官员。此处“九”寓意“极限”。九龙壁的屋顶有五条龙，“五”与“九”组合，寓意帝王具有“九五至尊”的地位。

---

① 王铭珍：《故宫主要建筑为何多崇九》，《北京档案》，2007年第12期，第41页。

② 王萌，单霁翔：《走遍故宫9371间房》，人民政协网，2016-10-24，http://www.rmzxb.com.cn/c/2016-10-24/1099530.shtml。

③ 王道瑞：《清代九卿小考》，《故宫博物院院刊》，1983年第2期，第87—88页。

第五节 “三纲五常”思想

“三纲五常”思想为儒家和谐思想的主要内容之一。西汉董仲舒在《春秋繁露》中提出“君臣父子夫妇之义，皆取诸阴阳之道。君为阳，臣为阴；父为阳，子为阴；夫为阳，妻为阴”[①]。在这里处理君臣、夫妻、父子关系的准则即为“三纲”。其中，“君为臣纲”在“三纲”中的地位是最重要的，其主要目的是将皇权神圣化并宣扬绝对忠于君主的思想[②]；“父为子纲”要求子女服从父母，是宣扬封建社会孝道的体现；“夫为妻纲”则认为丈夫是妻子的准则，是封建家庭伦理关系的反映。此外，董仲舒还认为“夫仁、谊、礼、知、信五常之道，王者所当修饬也”（《汉书·董仲舒传》之《天人三策》）。从取其精华、有利于弘扬中国传统文化中的精髓角度讲，仁、义、礼、智、信包含和谐的“五常”理念。其中，“仁”即人道，“义”即严于律己、宽以待人，“礼”即行事有据、恪守准则，“智”即明辨是非、知识丰富，“信”即诚信不移、诚实专一。紫禁城部分建筑的命名，也蕴含这种“三纲五常”的思想。

如紫禁城东区宁寿宫花园内的皇极殿，其命名寓意皇帝是天下地位最高的统治者，体现了“君为臣纲”的思想。紫禁城内廷区域的东西六宫有“百子门”“千婴门”“螽斯门”“麟趾门”（图6-4）；其中，“螽斯”一词源于《诗经·周南·螽斯》中“螽斯羽，诜诜兮；宜尔子孙，振振兮”[③]，“麟趾”一词出自《诗经·周南·麟之趾》中“麟之趾，振振公子，于嗟麟兮”[④]。螽斯为一种昆虫，喻子孙众多；麟趾指

① 苏舆：《春秋繁露义证》，中华书局1992年版，第349—350页。

② 赵玉玲：《董仲舒“三纲五常”伦理观的时代价值》，《学理论》，2016年第3期，第72—73页。

③ 周振甫：《诗经译注》，中华书局2002年版，第8—9页。

④ 周振甫：《诗经译注》，中华书局2002年版，第16—17页。

麒麟，喻子孙繁盛之意[1]。上述四座建筑的命名，蕴含着“夫为妻纲”的伦理思想。

图 6-4　麟趾门匾额
（图片来源：作者拍摄；时间：2016 年）

又如位于紫禁城西区的慈宁宫，是皇太后安度晚年的场所。“慈”字，《说文解字》中有：“爱也。从心兹声。疾之切。”[2]“宁”字，《说文解字》中有：“安也。从宀，心在皿上。人之饮食器，所以安人。奴丁切。”[3]紫禁城中慈宁宫的命名，“慈”寓意皇帝对皇太后的尊敬，“宁”寓意平静安宁的生活，这是一种孝道思想的体现。历史上，明万历皇帝的母亲慈圣皇太后、清顺治皇帝的母亲孝庄皇太后、清乾隆皇帝的母亲崇庆皇太后均在慈宁宫居住过，且乾隆皇帝以“孝”出名，尊母亲为天下圣母，在其母六旬、七旬、八旬大寿时，均加上徽

① 王子林：《正始之基，王化之道——交泰殿原状》，《紫禁城》，2007 年第 1 期，第 126—131 页。

② ［汉］许慎著，［宋］徐铉校：《说文解字》，中华书局 1985 年版，第 351 页。

③ ［汉］许慎著，［宋］徐铉校：《说文解字》，中华书局 1985 年版，第 240 页。

号，命八方来朝，举国欢庆，乾隆亲率皇子、皇孙彩衣起舞[①]。慈宁宫的命名，是古代“孝道”的体现，亦为儒家“父为子纲”思想的反映。

再如紫禁城里面有很多建筑，其命名含有“敬”字。“敬”的偏旁“苟”“攵”均含有自我反省、自我告诫之意。“敬”在人伦关系中表明的是一种态度，即恭谦有礼；在为人处世中则表现出来的是一种品质，即严肃认真、一丝不苟的敬业精神[②]。紫禁城部分建筑的命名，亦带有这种礼制思想。如位于建福宫建筑区的敬胜斋，“敬胜”寓意勤勉不怠；位于武英殿建筑区的敬思殿，“敬思”寓意慎重地思考；位于重华宫建筑区的崇敬殿，“崇敬”寓意崇尚恭敬的礼节等。上述建筑的命名亦为儒家“三纲五常”思想的体现。

紫禁城古建筑的命名体现了较为浓厚的儒家文化，而这些文化的精髓中又蕴含了丰富的和谐思想，如内圣外王思想、天人合一思想、阴阳协调思想、崇九思想、三纲五常思想等。这些思想不仅是皇帝用于修心养性、公正合理执政以利于国泰民安的重要依据，亦体现了我国古代礼制社会的思想文化特征。

---

① 林姝：《崇庆皇太后画像的新发现——姚文瀚画〈崇庆皇太后八旬万寿图〉》，《故宫博物院院刊》，2015年第4期，第54—66页。

② 李春青：《论“敬”的历史含义及其多向价值》，《辽宁大学学报（哲学社会科学版）》，1997年第2期，第75—79页。

第七章

古建筑营建的智慧与和谐

北京古都建筑的营建，离不开古代工匠的智慧。由于自然万物的运行特征，不可避免地产生地震、强风、暴雪等自然灾害，而古代工匠在营建建筑过程中，从诸多方面都会采取措施抵御自然灾害。不仅如此，部分建筑构件或尺寸巨大，或距离施工现场很远，其运输、安装非一般人力所能及。古代工匠基于丰富的经验及智慧，巧妙地完成了建筑的营建任务，并使得这些建筑稳固长久，完整保存至今。可以认为，我国古代工匠在建筑营造过程中体现的智慧源于对大自然规律的适应，是多次工程经验的总结。北京古都建筑能够历经数百年保存完好，这是古代工匠智慧与大自然规律的一种平衡，这种平衡使得建筑的稳固长久与大自然的作用规律之间达到和谐的状态。基础是建筑物保持稳定的最根本保障，基础在材料选用、施工方法、地基处理等方面的措施应能保证自身有足够的强度和整体性，而这些措施恰恰是古代工匠适应自然规律，结合建筑本身受力特征而采取的，是工匠的经验智慧与自然作用、建筑本身构造特征之间的彼此和谐。柱子立于基础之上，不仅要支撑屋顶传来的重量，而且要适应自然力作用（风、地震）而保持稳定，其营建技艺也是古代工匠智慧与自然规律的和谐。梁架是古建筑屋顶的支撑体系，其不仅要满足自身在自然力作用下的稳定需求，而且还需要满足建筑功能的需求，即有利于建筑保温隔热、通风排水等需求，其营建方法也能体现人与自然的和谐。以紫禁城古建筑营建为例进行说明。紫禁城营建所需材料来自不同地方，其运输巧妙利用天时、地利、人和，使得这三者达到统一与和谐。

第一节　基础

一、“一块玉”基础

紫禁城“一块玉”基础是指基础做法为一个整体，专业上称为“满堂红”基础。这种基础的做法特征为：原有地基被全部挖去，然后重新由人工回填基础。人工回填土的具体做法为：一层三七灰土、一层碎砖，反复交替。如图7-1所示造办处南侧遗址基础，基础深度2.2米，最上面是厚0.8米的杂填土，接下来是三七灰土层（每层0.12米厚）与碎砖层（每层0.1米厚）交错分布，共露出7层。当人工处理的灰土与碎砖层由地面向下延伸到2.4米左右时，下部即为原始土层，即未受扰动的土层。以下是三点说明。

图7-1　造办处南侧遗址基础
（图片来源：作者拍摄；时间：2015年）

其一，为什么紫禁城古建筑所有的基础都是人工处理的“满堂红”基础，而不是利用原始土层的基础呢？其实这与中国古代朝代更迭密切相关。我们知道，现存紫禁城是明朝永乐皇帝朱棣建造的。他建造的紫禁城，是在元朝紫禁城的基础上建立的。也就是说，在明朝之前，紫禁城这个位置是元朝皇宫所在地。在中国古代有一个不成文的规定，就是任何一个朝代取代前朝时，都会灭前朝的“王气”，其做法之一，就是把前朝的建筑从底到顶都给毁了，包括基础，尔后从头再来盖自己的宫殿。因此，明朝建立紫禁城时，把元朝所有的建筑连根毁掉，这样一来，明紫禁城的基础都得重新再做一遍，这就是紫禁城古建筑基础为“满堂红”做法的主要原因。

其二，古建筑基础的黄土中掺入（生）石灰的意义。紫禁城古建筑的基础一般为三七灰土基础。三七灰土是一种以生石灰、黏土按3∶7的质量比例配制而成具有较高强度的建筑材料，在我国有着悠久的历史。比如公元6世纪南北朝时，南京西善桥的南朝大墓封门前地面即是灰土夯成的。这种灰土基础的优点在于，生石灰遇水变成熟石灰，强度增大，也就是说，这种基础的吸水性很强，有利于在潮湿的环境中使用。灰土基础本身的黏结强度比较高，适合于承受上部建筑传来的重量，而不会产生土体松散。石灰是一种易于获得的建筑材料，我国在公元前7世纪开始使用石灰。《本草图经》有：“石灰，今所在近山处皆有之，此烧青石为灰也。又名石锻，有两种：风化、水化。”由此可知，生石灰取材方便，加工简单，使用效果好，因而在古建筑基础中大量使用。

其三，为什么紫禁城古建筑的基础不是全部做灰土分层，而非得要“一层灰土一层碎砖交替”呢？其实这反映了古代工匠的智慧。我们知道，基础做得均匀，那么就可以避免建筑物不均匀的下沉。但灰土材料一般比较松软，其柔性强就意味着硬度低。当上部建筑的重量较大时，尽管建筑在自重作用下会均匀下沉，但下沉量过大会影响建筑的有效使用。相比而言，碎砖的硬度远大于灰土，且大部分属于烧窑或砌墙用的残余料。当它们过筛子后尺寸相近，用于代替完全的灰土层，做成“一层灰土一层碎砖”的形式，不仅有效使用了建筑材料，而且减小了古建筑的沉降量。

二、“糯米”基础

故宫古建筑基础中是否含有糯米成分？日本学者武田寿一的著作《建筑物隔震、防振与控振》中有这么一段关于故宫古建筑基础成分的描述：“1975年开始的三年中，在建造设备管道工程时，以紫禁城中心向下约5～6米的地方挖出一种稍黏有气味的物质。研究结果表明似乎是‘煮过的糯米和石灰的混合物’。主要的建筑全部在白色大理石的高台上建造，其下部则为柔软的有阻尼的糯米层。”刘大可先生在《明、清古建筑土作技术（二）》中认为①，古建筑基础中有灌江米汁（糯米浆）的做法。这是将煮好的糯米汁掺上水和白矾以后，泼洒在打好的灰土上。江米和白矾的用量为：每平方丈（10.24平方米）用江米225克，白矾18.75克。而清代官方对小夯灰土的做法有这样的描述：“第二步须在此步上趁湿打流星拐眼一次，泼江米汁（糯米汁）一层。水先七成为好，渗江米汁，再洒水三成，为之催江米汁下行。再上虚，为之第二步土，其打法同前。”②此外，张秉坚等学者对西安明代城墙灰浆进行了试验，证明了其中含有糯米成分。尽管西安城墙与故宫古建筑基础无直接联系，但其施工工艺均为古建传统做法。以上充分说明：故宫古建筑基础中含有糯米成分是可信的。

紫禁城古建筑基础中掺入糯米是有利于基础的防震的。糯米具有很好的黏性，掺入灰土基础中，可使得基础有很好的整体性和柔韧性，类似于硬度较高的均匀面糊团。地震发生时，基础产生整体均匀变形，延长建筑的晃动周期，错开地震波的峰值，减小了基础及上部建筑的破坏。糯米基础抵抗地震的这种方式，我们称为“隔震”。

三、地下水的处理

对于有淤泥层或地下水的地基层，古人则考虑在填土层之下埋设

① 刘大可：《明、清古建筑土作技术（二）》，《古建园林技术》，1988年第1期，第7—11页。

② 王其亨：《清代陵寝建筑工程小夯灰土做法》，《故宫博物院院刊》，1993年第2期，第48—51页。

木桩。木桩可穿透淤泥层，并使得桩尖抵达坚硬的岩石层，木桩之上再为分层夯土。这样一来，就可以避免基础的不均匀沉降。如慈宁花园东侧遗址的基础，其由上到下的分层做法特点为：灰土层与碎砖层交替向下延伸（即一层灰土一层碎砖），每层各厚0.1米，共分18层；尔后为0.16米厚青石板一层；再往下分别为水平桩和竖桩，见图7-2和图7-3。在这里，竖桩支撑青石板传来上部重量并将该重量传给坚硬的岩石层，青石板则为上部分层夯土提供一个支撑平台。木桩表面刷有桐油（桐籽熬成的油），在水中可起到防腐作用。

图7-2　慈宁花园东遗址基础
（图片来源：作者拍摄；时间：2014年）

图7-3　桩及上部青石板
（图片来源：作者拍摄；时间：2014年）

第二节　柱

一、柱底平摆浮搁

紫禁城古建筑属于木结构，这种结构的特点是由木柱和木梁组成核心受力框架，支撑屋顶传来的重量，墙体仅起维护作用。其中，柱子作为古建筑大木结构的重要承重构件之一，主要用来垂直承受建筑上部传来的作用力。从安装角度讲，紫禁城古建筑立柱的柱根并非插入地底下，而是浮放在一块石头上，这块石头称为柱顶石，见图7-4；柱根的放置方式则称为平摆浮搁，见图7-5。

图7-4　柱顶石照片
（图片来源：作者拍摄；时间：2016年）

图7-5　柱底与柱顶石
（图片来源：作者拍摄；时间：2008年）

柱顶石又名柱础，其主要作用是支撑柱子。柱顶石属于我国传统建筑石制构件，其下部为方形，埋入地下，上部做成圆鼓形状，且顶板表面做得平整，称为“镜面”。早期的柱顶石顶面较粗糙，而宋代以后的实物表明，其表面已经被处理得非常平整光滑。柱顶石镜面面积一般比柱径稍大。我国古代最完整的建筑技术书籍《营造法式》中有“造柱础之制，其方倍柱之径”，其上顶面的圆镜面即由方中取圆；又有“凡造柱下櫍，径周各出柱三分，厚十分，下三分为平，其上并为奇，上径四周各杀三分令与柱身通上匀平”，说明柱顶石镜面比柱脚还要大出几分，其用意在于既要防止柱脚滑移掉落，同时又允许滑移以使柱根有充分可滑移的余地。

需要说明的是，这种连接方式是有科学依据的，也是紫禁城古代工匠智慧的结晶。首先，木材在封闭的环境中容易糟朽，立柱柱根若插入地底下，很可能因为空气不流通而产生糟朽。其次，也是最重要的原因，是隔离地震的需要。地震力的作用力极大，若柱根插入柱顶石内，在强大的地震力作用下，柱根很容易折断并造成古建筑损坏。而柱根平摆浮放在柱顶石上后，在发生地震时，其反复在柱顶石表面运动，不仅隔离了地震，而且地震结束后，柱根可基本恢复到初始位置，而不产生任何破坏，具有“四两拨千斤”的效果。再次，由图7–5可知，柱根置于柱顶石上后，柱根外皮与柱顶石外皮有一定距离，这个距离可以保证柱根始终在柱顶石上往复滑动而不掉下来，这也是紫禁城工匠智慧的体现。

试验表明：柱底在地震作用下的运动形式表现为摇摆为主，摩擦滑移为辅。其摇摆运动表现为柱底与柱顶石之间的相对“开合”运动，但柱底始终与柱顶石接触，其接触面积由大到小，不断反复运动。即地震作用前，柱底全截面与柱顶石接触，而地震作用下，柱底截面逐步离开柱顶石，并转变为柱底边界与柱顶石接触，即由面—面接触转变为线（柱底）—面接触。这个过程中，柱底与柱顶石形成夹角，即张开运动。地震作用增强时，其夹角增大，但是由于上部结构自重产生的恢复作用，柱底在绕柱顶石摇摆到一定夹角后，又能恢复到柱顶石上，即闭合运动。在地震作用下，柱底与柱顶石之间反复摇摆，但未见柱底或柱顶石有任何损伤。地震结束后，柱底基本复位，但与初始位置有少许偏差。柱底在柱顶石上的摩擦滑移很不明显，表现为地震作用下，柱底绕柱顶石摇摆过程中，二者构件之间由于挤压及水平外力作用而产生的相对错动。地震作用结束后，柱根虽然略有偏离初始位置，但是仍然完整地立于柱顶石上，未受到任何破坏。

不仅如此，柱根平摆浮搁的方式增大了古建筑整体的自振周期，可产生隔震效果。这是怎么回事呢？所谓周期，就是物体运动一个来回所用的时间。建筑物的地震反应取决于建筑物的自振周期和阻尼（产生运动受阻的材料，类似于汽车刹车片）。一般现代建筑物自振周期与地面运动即地震波的自振周期接近，因而在地震作用下的响应要放大，类似共振效应；而采取隔震装置后，建筑物自振周期大大延长，避开了地面运动的卓越周期，因而受到的地震力迅速减小。紫禁城古建筑柱底平摆浮搁的方式，实际上相当于在建筑底部安装了一个巨大的隔震装置，柱子在地震作用下的往复运动增大了古建筑的自振周期，其远远避开地震波自身周期，从而产生隔震效果，极大减小了建筑物的震害。

紫禁城古建筑立柱平摆浮搁在水平柱顶石镜面上，上部主体与基础自然断离开。柱顶石对柱脚提供竖向支持力和一定限量的水平摩擦力，有利于柱上端与水平构件连接的整体性，并有利于增大结构的自振周期，削弱地震力的破坏作用。这是中国古代大型建筑结构最显著的特点，也是古建筑与现代普通建筑结构体系的差异最大处。

二、侧脚、收分与生起

侧脚：指古建筑最外圈的柱子（檐柱）顶部略微收、底部向外掰出一定尺寸的做法。《营造法式》卷五《大木作制度二・柱》规定："凡立柱，并令柱首微收向内，柱脚微出向外，谓之侧脚。每屋正面，谓柱首东西相向者，随柱之长，每一尺，即侧脚一分；若侧面，谓柱首南北相向者，每长一尺，侧脚八厘；至角柱，其首相向，各依本法，如长短不定，随此加减。"这句话规定了每间房屋在正面（长度方向），柱身侧脚尺寸为柱高的1/100（柱底往外掰出1/100柱高的尺寸）；在侧面（宽度方向），柱身侧脚尺寸为柱高的8/1000；在角柱位置，则两

图7-6　太和殿檐柱侧脚
（图片来源：作者拍摄；时间：2012年）

个方向同时按上述尺寸规定侧脚。紫禁城古建筑普通立柱的安装都是柱身垂直立于柱顶石上，而檐柱的安装则不同，按照侧脚做法，形成“八”字状，见图7–6至图7–8。

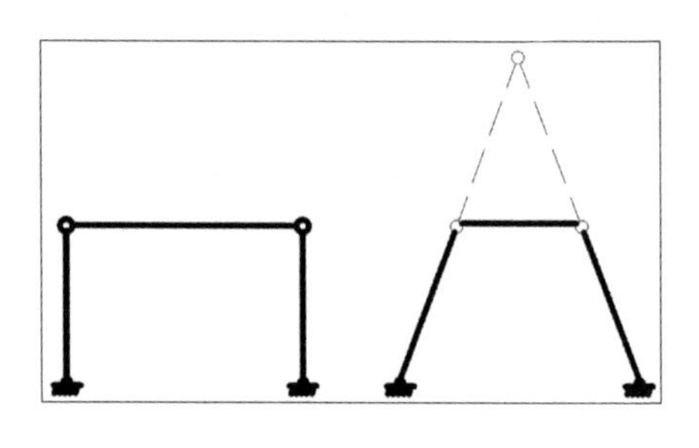

图7–7　侧脚示意图（左：侧脚前；右：侧脚后）
（图片来源：作者绘制）

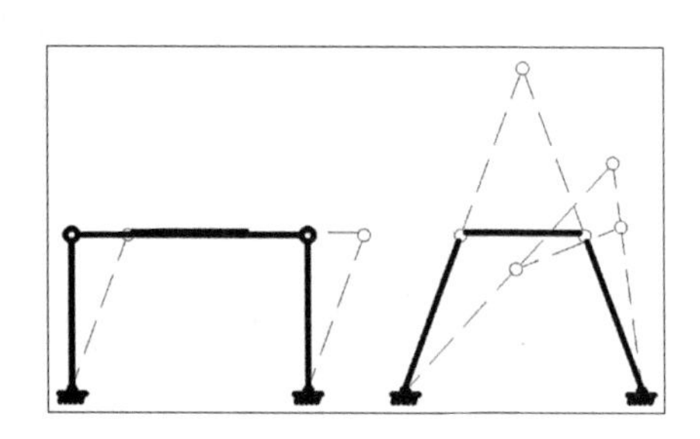

图7–8　水平地震作用下的柱架运动示意图（左：侧脚前；右：侧脚后）
（图片来源：作者绘制）

侧脚做法，不但使整个建筑物显得更加庄重、沉稳而有力，而且体现了一定力学智慧。由图7–8不难看出，侧脚使得古建筑的柱架体系由直立的平行四边形（矩形）变成了“八”字形。由于古建筑的柱子与梁是通过榫卯方式连接的，即柱顶做成卯口形式，梁端做成榫头形式，插入柱顶预留的卯口中。在发生地震、大风等自然灾害时，立柱与梁之间的榫卯连接使得彼此之间产生相对晃动。对于未设侧脚的“平行四边形”体系而言，其在水平外力作用下不断往复摇摆，很容易产生失稳破坏。而这种“平行四边形”的连接体系，在物理学上可称为“瞬间失稳体系”。对于设置侧脚的“八”字形体系而言，侧脚之后柱与柱的延长线会相交于一点，形成虚“交点”，而整个体系则犹如一个三角形。其在水平外力作用下的晃动受阻，该阻力由侧脚的柱身提供。且侧脚使得柱顶的卯口与梁端的榫头挤紧，增强了榫卯节点的受力性能。在物理学上，该“八”字形体系可称为“三角形稳定体系”。

收分：紫禁城古建筑圆形的立柱，其上下两端的直径是不相等的，从柱底到柱顶，其截面尺寸逐渐减小，这种做法称为“收分”或

“收溜”，见图7-9。一般而言，对于不含斗拱的建筑（小式建筑），柱顶截面直径收分尺寸为柱高的1/100；对于含斗拱建筑，柱顶截面直径收分尺寸为柱高的7/1000[①]。

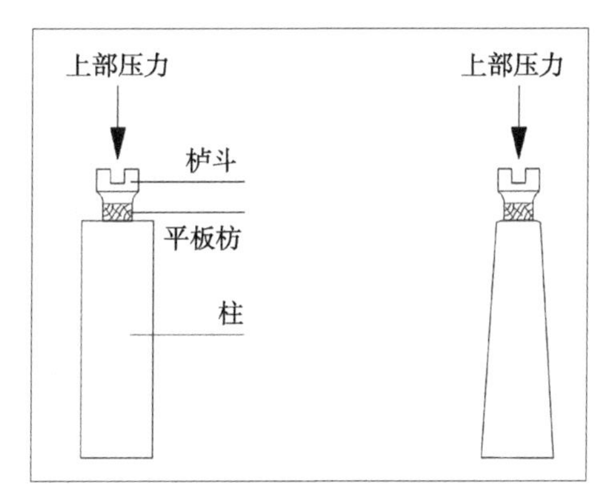

图7-9　柱收分示意图（明清时期）
（图片来源：作者绘制）

柱顶收分由柱顶卷杀演变而来。“卷杀”是将木构件或部位的端部做成缓和的曲线或折线形式，使构件或部位的外观显得丰满柔和，见图7-10。《营造法式》卷五《大木作制度二·柱》规定：“凡杀梭柱之法……又量柱头四分，紧杀如覆盆样，令柱顶与栌斗底相副。”这段话的大概意思是，对柱子进行卷杀时，对柱头位置取四分的长度（约1.2厘米）进行紧杀，砍削去柱头上不承载栌斗（即斗拱的底部）压力的边沿部分，使其形状如覆盆。卷杀后的柱头与下部柱身的收分相配合，具有稳定、圆和、柔美之感。元、明以前，大木构件的卷杀做法很普遍，《营造法式》中更是规定了各类木构件卷杀的具体位置和尺寸，但是随着朝代不断地前进，这种做法逐渐简化并演变为收分为主的形式[②]。分析认为，明清时期随着柱头之上平板枋的出现，柱头栌斗由原来的直接坐在柱头之上改为坐在平板枋上，平板枋之上再为栌斗。从此柱头与栌斗不

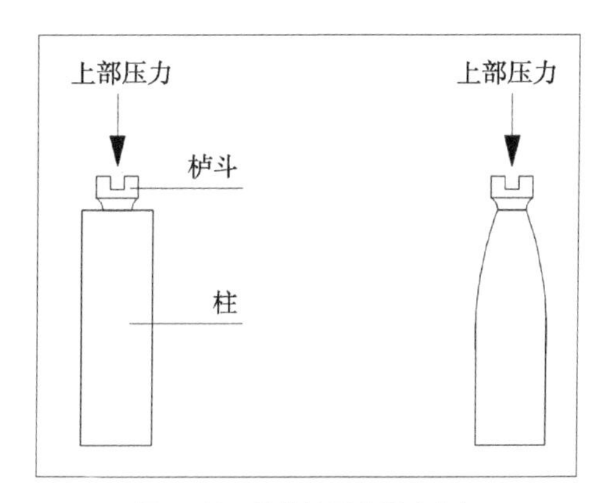

图7-10　柱卷杀示意图（宋）
（图片来源：作者绘制）

① 马炳坚：《中国古建筑木作营造技术》，科学出版社1991年版，第4页。

② 卓媛媛：《故宫长春宫大木结构特点初步分析》，《故宫学刊》，2015年第2期，第312—322页。

图7-11 柱收分（慈宁宫）
（图片来源：作者拍摄；时间：2016年）

再接触，因而原来为了使柱头柔和过渡到栌斗的“紧杀如覆盆”之做法便失去了意义，同时下端亦不再卷杀。相应的，柱头演化成收分做法，即将柱子加工成上粗下细之形状，比直柱优美，且稳定又轻巧[①]。紫禁城古建筑的部分立柱柱头的收分做法，仍含有卷杀成分，如长春宫、保和殿[②]、慈宁宫（图7-11）等。

收分对古建筑整体稳定性的有利影响：柱子的主要作用是承担上部斗拱传来的作用力，并将其传给下部基础。柱顶收分的优点在于，可以减小柱顶的截面尺寸，使得该尺寸尽可能与柱顶上部的构件截面吻合。这样的话，上部作用力的合力中心传到柱顶时，能够基本上与柱身中心线重合，有利于荷载传到地面，并减小了柱顶产生偏心弯矩的可能性。而柱顶偏心弯矩造成的破坏表现为柱身的歪闪，且在地震或大风作用时表现明显。由此可知，收分做法亦为古代工匠智慧的体现。

生起：在紫禁城古建筑的正立面上，每个开间的柱高并不相同，而是自正中间的檐柱向两侧的角柱逐渐增高，这就是柱的“生起”。《营造法式》卷五《大木作制度二·柱》规定：“凡用柱之制……至角则随间数生起角柱。”又对生起的尺寸做了具体规定：“若十三间殿堂，则角柱比平柱生高一尺二寸；十一间生高一尺；九间生高八寸；七间生高六寸；五间生高四寸；三间生高二寸。”在明清时期，

① 李合群，李丽：《试论中国古代建筑中的梭柱》，《四川建筑科学研究》，2014年第5期，第243—245页。

② 王文涛：《保和殿建筑结构及形制探究》，《中国紫禁城学会论文集》（第八辑），故宫出版社2014年版，第253—278页。

1寸=3.2厘米，1尺=10寸[①]。我国古建筑房屋的间数一般为单数，即一、三、五、七、九。以三开间古建筑为例，生起做法的示意图见图7-12所示。柱“生起”做法在宋代建筑较为普遍，明代减少，清代《工程做法则例》则无“生起”之制[②]。紫禁城部分明代建筑如神武门（图7-13）、钟粹宫均有生起做法。

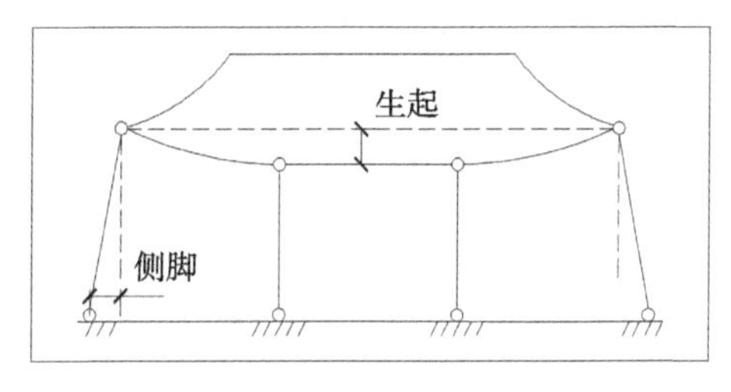

图7-12　三开间古建筑立面示意图（含生起及侧脚）
（图片来源：作者绘制）

图7-13　神武门立面
（图片来源：作者拍摄；时间：2017年）

紫禁城古建筑立柱的“生起”做法，不但使得古建筑本身在立面上有中间向两边上扬的优美的弧形曲线效果，而且在保证建筑的稳定性方面，也体现了古人的智慧。一方面，生起做法使得古建筑整体呈

① 马炳坚：《中国古建筑木作营造技术》，科学出版社1991年版，第3页。

② 郑连章：《紫禁城钟粹宫建造年代考实》，《故宫博物院院刊》，1984年第4期，第58—67页。

“凹”字形，其重心位置比不考虑生起构造要降低。低矮的重心有利于减小建筑在水平地震作用下的摇晃幅度，提高建筑整体的稳定性。另一方面，生起构造使得柱与梁（额枋）并非为纯粹的竖向与水平搭接，而是有一定的倾斜角度，使得柱头的卯口与梁端的榫头保持挤进状态，有利于提高榫卯节点的抗弯和抗侧移性能[①]。

① 周乾：《故宫神武门防震构造研究》，《工程抗震与加固改造》，2007年第6期，第91—98页。

第三节　榫卯连接

一、榫卯的定义

紫禁城古建筑的立柱与水平构件（梁、枋）的连接，主要通过榫卯形式进行。这里所说的“榫卯”，是指榫头与卯口。其中，榫头位于梁端，被加工成凸起部分；卯口位于柱顶，柱顶被剔凿掉部分木料，形成凹形口，即卯口。位于梁（枋）端的榫头插入柱顶的卯口中，形成榫卯连接；而榫卯连接的位置，可称为榫卯节点。紫禁城古建筑的榫卯节点有数十种，如图7-14所示为太和殿柱与额枋连接为其中的一种，称为燕尾榫节点。这种类型的榫卯节点特征为：位于额枋端部的榫头被加工成燕尾形式，而位于柱顶的卯口相应做成了同样形状、尺寸的凹口形式。榫头、卯口示意图见图7-15，对应的古建筑榫卯节点模型安装照片见图7-16。

图7-14　太和殿柱与额枋的燕尾榫卯连接
（图片来源：作者拍摄；时间：2008年）

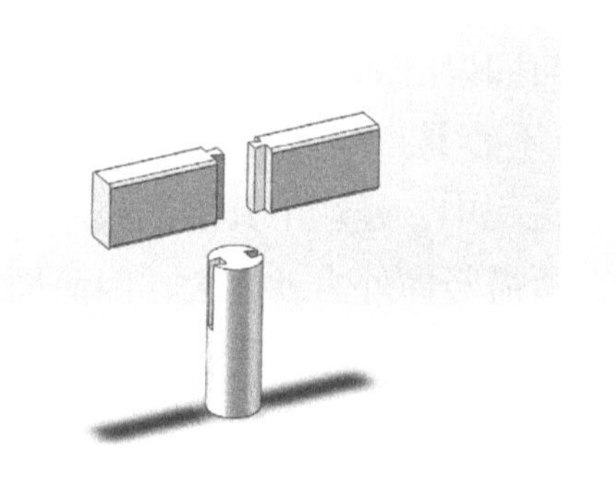

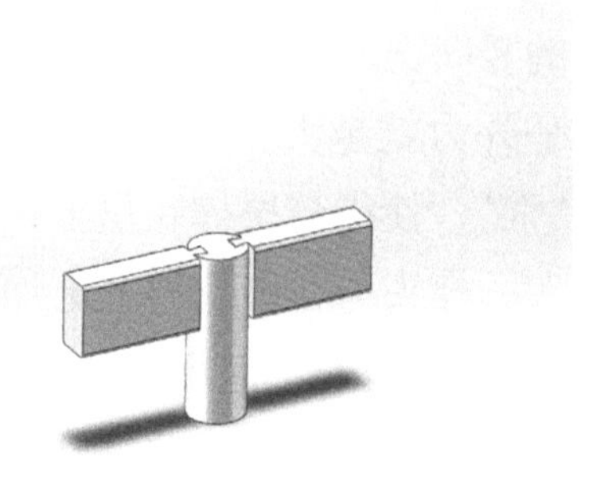

图7-15　燕尾榫卯节点示意图（左：安装前；右：安装后）
（图片来源：作者绘制）

图 7-16　燕尾榫安装
（图片来源：作者拍摄；时间：2016 年）

二、燕尾榫的安装智慧

那么，为什么图7-14所示太和殿的柱与额枋的节点做成燕尾形式，且安装方向为由上往下进行？

一方面，这体现了燕尾榫形式的智慧之道。从平面形状来看，燕尾榫头非矩形，其特点是根部窄、端部宽，这种做法称为“乍”；从立面形状来看，燕尾榫榫头亦非矩形，其下部窄、上部宽，这种做法称为“溜”[①]。燕尾榫的“乍”，使得榫头插入卯口后，就不容易从卯口水平向拔出。其原因在于，榫头从卯口水平往外拔出过程中，榫头的竖向截面面积越往外越大，榫头与卯口之间就挤得更紧密，所需水平外力就越大，因此，燕尾榫节点不容易产生水平拔榫。燕尾榫的“溜”，使得燕尾榫在从上往下安装过程中，越往下其水平截面面积越大，榫头与卯口挤得就更加紧密，所需竖向外力就越大，因而榫头与卯口在竖向连接牢固。燕尾榫的“乍”和“溜”做法，有力地保障了榫头与卯口之间的可靠连接，有利于木构架的稳定。

---

① 马炳坚：《中国古建筑木作营造技术》，科学出版社 1991 年版，第 127—128 页。

另一方面，这也体现了燕尾榫安装方法的智慧之道。由图7-16不难发现，燕尾榫的安装方式是由上向下进行的。紫禁城古建筑施工工序，首先是立柱，然后再安装梁枋，最后再上瓦砌墙。梁枋端部做成燕尾榫榫头形式，竖向方向安装，有利于燕尾榫头与卯口在上下向的挤紧，而且安装后的榫头也不容易从卯口拔出。不仅如此，这种安装方式，还有利于柱子的定位。因为一旦水平方向安装梁枋，需要立柱错位来腾让安装空间。同时，燕尾榫榫头水平向插入卯口，还会破坏卯口的初始截面尺寸，影响榫卯节点的拉接功能。可以认为，上下向安装燕尾榫榫头，是适应这种榫卯节点类型的安装方式，不仅有利于节点本身的稳固，对木构架整体的扰动也减小到最少。

榫卯节点的连接方式有利于紫禁城整体的营建。我国古代工匠巧妙地利用了木材易加工、重量轻的特点，将这些木构件预先加工好，避免了对木材进行现场剔、凿、刨等工序造成的杂乱环境。而柱、梁枋在现场只需安装即可，有利于快速施工。实际上紫禁城古建筑含有房屋1000余座9000多间，其真正营建只用了3年[①]。榫卯连接的方式不仅有利于快速施工，而且榫头与卯口之间精确的尺寸咬合使得构件不易产生错位。由此可知，柱与梁枋的榫卯连接可营造快速、高效、优质的施工环境和营建效果，体现了古代工匠的智慧。

此外，图7-14所示榫卯节点位置还有雀替，其亦体现了古代工匠的智慧。雀替是一个木块，其从柱顶伸出来，与柱子共同支撑额枋。之所以称为“雀替”，主要原因在于其外形像鸟雀的翅膀。雀替在北魏时期就出现了，其外形由简单的长方形木块演变为具有浓厚艺术特色的曲线木雕。不仅如此，雀替的力学功能也非常明显：它可以辅助柱子，共同支撑额枋传来的竖向力；它缩短了额枋的跨度，减小了额枋的竖向变形量。当然，雀替最重要的作用在于，它增大了榫卯节点位置的截面面积，减小了竖向静力作用下榫头产生剪切破坏的可能性；它限制了额枋端部榫头绕柱顶卯口的相对转动，增强了榫卯

① 孟凡人：《明北京皇城和紫禁城的形制布局》，《明史研究》，2003年，第92—93页。

节点的整体性，有利于提高木构架的稳定性。此外，与原始四边形立面形状相比，雀替演化成三角形的立面形状并不会导致其受力性能降低[①]。

三、典型的榫卯节点类型

紫禁城古建筑榫卯节点形式非常丰富，对于水平与竖向的构件连接而言，除了有燕尾榫之外，还有以下类型[②]：

（一）馒头榫：用于柱头与梁头垂直相交，避免柱水平向错动。其做法为：在柱顶做出凸出的馒头状榫头，在梁头底部对应位置刻出相应尺寸卯口（称为海眼），见图7-17。

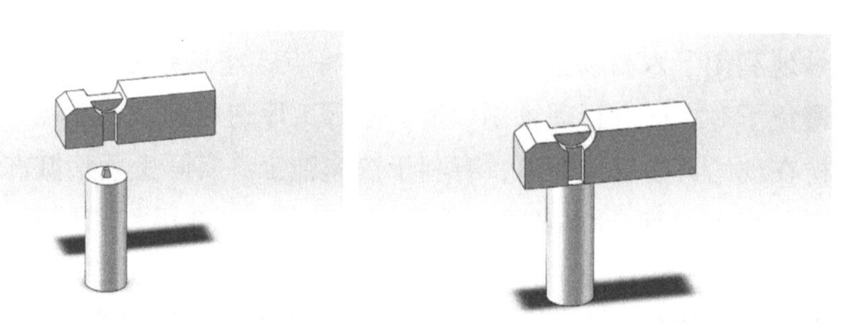

图7-17　馒头榫（左：安装前；右：安装后）
（图片来源：作者绘制）

（二）箍头榫：用于建筑转角部位的柱与枋（梁）相交，其特点为水平向的两根枋正交，而后同时插入柱顶的十字形卯口内。为保证搭接牢固，通常是两根枋本身互为榫卯，互相卡扣；然后再与柱顶十字形卯口做成榫卯卡扣形式。为美观起见，枋的端部做成优美曲线形式，称为“霸王拳”。箍头榫安装示意如图7-18所示。使用箍头榫，对于边柱或者角柱而言，既有很强的拉接力，又有箍锁保护柱头的作用。而且，箍头本身还是很好的装饰构件。因此，箍头榫在紫禁城古

① 周乾，闫维明，关宏志：《故宫太和殿静力稳定构造研究》，《山东建筑大学学报》，2013年第3期，第215—219页。

② 马炳坚：《中国古建筑木作营造技术》，科学出版社1991年版，第127—131页。

建筑大木榫卯节点体系中，不论从哪个角度来看，都是运用榫卯搭接技术非常优秀的成功案例，体现了古代工匠的智慧。

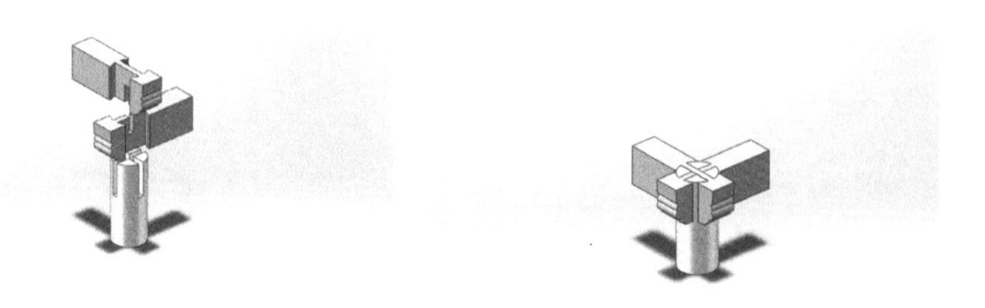

图 7-18　箍头榫（左：安装前；右：安装后）
（图片来源：作者绘制）

（三）透榫：用于需要拉结，但又无法用上起下落的方法进行安装的部位，其榫头一般做成大进小出的样式。所谓大进小出，即榫头的穿入部分，高度同枋高，而穿出部分，则按穿入部分减半。这种榫头形式，既美观，又能减小榫头对柱子的伤害面。透榫的安装方式见图 7-19 所示。

图 7-19　透榫（左：安装前；右：安装后）
（图片来源：作者绘制）

（四）半榫：用于建筑物中部的柱子，这种柱子将梁架分为前后两段。由于两边的梁架都必须与柱子相交，因而其榫头做成了半榫形式。这种榫卯节点的拉结作用是很差的，很容易出现拔榫现象使得结构松散。为解决这个问题，古人在梁下面安装替木的方法，替木穿过柱截面，顶部做出两个销子与梁底拉结，以增加梁和柱的接触面，提高榫卯节点的拉结力。半榫的安装方式见图7-20。

图7-20　半榫（左：安装前；右：安装后）
（图片来源：作者绘制）

四、榫卯节点的抗震智慧

以燕尾榫为例来说明榫卯节点的抗震智慧。从连接方式来讲，燕尾榫榫头与卯口的连接属于半刚接。所谓“半刚接”，即节点不能像铰球一样随意转动（铰接），也不像固定的刚架一样完全无法转动（刚接），而是介于铰球和刚架之间的一种连接方式，其特征为可以转动，但受到一定限制。这种连接特征是非常有利于古建筑抗震的。因为这样一来，有限的转动能力有利于减小梁柱构架的晃动幅度。不仅如此，基于能量守恒原理，地震能量传到古建筑木构架上，部分转化为木构架的变形能（构架变形），部分为构架的内能（内力破坏），还有部分转化为构架的动能（榫头与卯口的相对运动）。也就是说，榫卯节点的运动有利于耗散部分地震能量，减小建筑整体的破坏。

地震作用下，柱顶的卯口与额枋端部的燕尾榫头之间产生摩擦和挤压，并产生相对运动，这种运动包括相对滑移（图7-21）和相对转动（图7-22）。柱脚抬升时，柱身产生倾斜，与额枋产生相对变形，榫头与卯口之间产生相对挤紧运动，并随着柱脚抬升幅度增大而表现明显；柱脚复位时，榫头与卯口之间产生相对拔出运动，并逐渐恢复到初始位置附近，榫头与卯口之间则会因为地震力作用原因而产生拔榫，但始终保持连接状态。随着柱架的摇摆，柱顶榫卯节点不断进行挤紧—拔出的开合运动，且由于榫卯节点数量较多，其间亦耗散了较为可观地震能量[①]，有利于减小结构的震害。

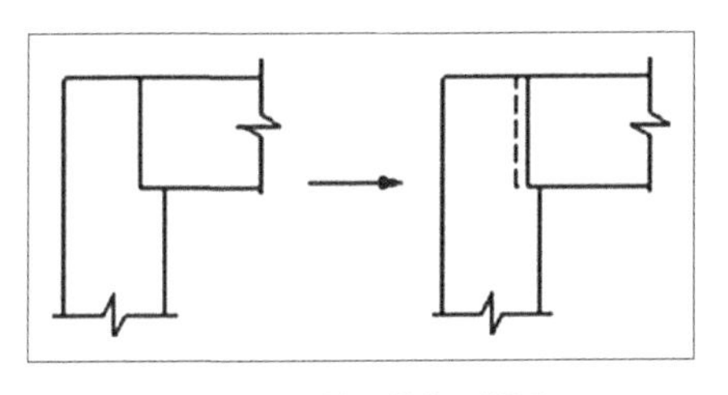

图 7-21　榫卯的相对滑移
（图片来源：作者绘制）

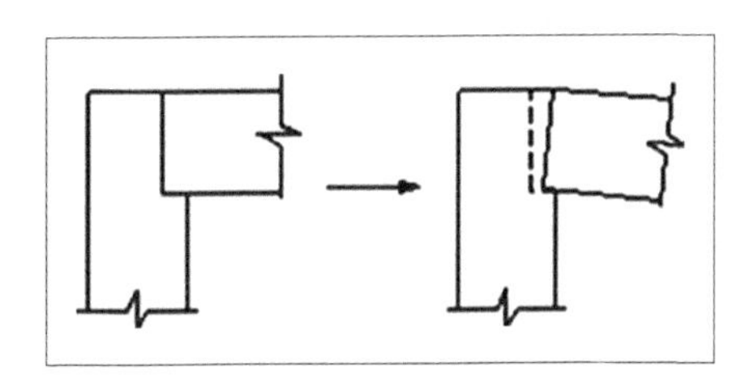

图 7-22　榫卯滑移伴随转动
（图片来源：作者绘制）

需要说明的是，在地震作用下，榫头与卯口之间产生相对运动，有时不能正常复位，称为拔榫。拔榫非脱榫，也就是说，榫头具有一定的长度，即使其在卯口中不能完全恢复到初始位置，但是因为其本身有一定的长度，因而仍能搭接在卯口上，使得榫卯节点本身并不受到很严重的破坏，在震后稍加修复即可正常使用[②]。这就是我们看到很多古建筑榫卯节点出现拔榫，但木构架本身仍保持完好的原因。从这个角度讲，也体现了古代工匠的智慧。

此外，作为榫卯节点的辅助构件，雀替的抗震作用亦不可忽视。雀替的存在加强了木构架受力变形过程中结构的整体性，增大了榫卯节点的转动刚度，加固了梁柱节点[③]。雀替可提高榫卯节点的正向转动弯矩，其幅度达61%；且在雀替与枋脱离前，可提高节点的耗散地震能量的能力[④]。

① 周乾，闫维明，关宏志，等：《故宫太和殿减震构造分析》，《福州大学学报（自然科学版）》，2013年第4期，第652—657页。

② 周乾，杨娜：《故宫古建榫卯节点典型残损问题分析》，《水利与建筑工程学报》，2017年第5期，第12—19页。

③ 李卫，高大峰，邓红仙：《带雀替木构架榫卯节点特性的试验研究》，《文博》，2013年第3期，第80—85页。

④ 杜彬，谢启芳：《带雀替木结构燕尾榫节点抗震性能研究》，《四川建筑科学研究》，2017年第6期，第61—65页。

第四节　雀替

图 7-23　太和殿前檐雀替
（图片来源：作者拍摄；时间：2019 年）

紫禁城古建筑的柱子与梁枋相交位置，常有雀替做法，如图 7-23 所示为太和殿前檐柱与额枋相交处的雀替。雀替在宋代被称为“角替”，为一根从柱顶向两侧伸出的横木，其基本作用是辅助拉结柱子及梁枋。雀替的形制成熟较晚，虽于北魏期间已具雏形，但直至明代才被广为应用。早期的雀替立面形状为四边形，宋末和金代的雀替在其下部出现了蝉肚造型，明代起雀替的外形轮廓及建筑纹饰开始丰富化，并且在构图上得到不断的发展，至清时即成为一种风格独特的构件。

紫禁城古建筑中，雀替的应用具有一定的科学性，主要表现在三个方面。

其一，支承作用。雀替位于梁枋下端，当梁的跨度不大时，雀替的受力方式以受压为主，其作用相当于“梁垫”，支承梁端传来的外力。古建筑梁枋头往往做成榫头形式，其受力截面相当于梁身要有一定程度减小，见图 7-24。这使得梁枋端竖向外力过大时，梁头会产生剪切破坏的危险。而这种“梁垫”的存在，增加了梁枋在端部的受力截面，有利于增强梁头的负荷能力，减小其剪切破坏。

图 7-24　梁枋的端部榫头做法
（图片来源：作者拍摄；时间：2006 年）

其二，抗弯作用。当梁的跨度较大时，梁在上部外力作用下产生竖向弯曲。此时，位于梁端下部的雀替相当于一个附加支座，减小了梁的跨度，不仅有利于减小传到梁端的弯矩，而且可以减小梁本身的竖向弯曲幅度，因而对梁产生保护作用。

其三，抗震作用。雀替有利于减小榫卯节点的拔榫。紫禁城古建筑的柱子与梁通过榫卯节点形式连接，即梁端做成榫头，插入柱顶预留的卯口中。地震作用下，古建筑不可避免的会产生摇晃，其间榫头与卯口产生相对转动和挤压，且榫头很容易从卯口拔出，产生拔榫，见图7-25。拔榫降低了榫头与卯口之间的连接性能，对古建筑的整体稳定性会产生不利影响。雀替被安装到榫卯节点位置后，其上端与梁底拉结，侧端与柱顶拉结，可以限制榫头绕卯口的转动幅度，因而限制了拔榫，保证了建筑整体的稳定。雀替防止和阻挡了梁柱之间角度的倾斜，加固了梁柱的结合，使得梁柱榫卯节点处的抗弯刚度得以提高，从而提高了整个木构架的整体性。

图7-25　古建筑拔榫照片
（图片来源：作者拍摄；时间：2006年）

紫禁城古建筑的雀替下侧有卷杀做法，即砍刨去部分尺寸，并刻出连续的花纹，称为“卷杀”，见图7-26。初看卷杀做法无非是为了好看，但是不做卷杀也不难看，或者做成直角三角形也未尝不可。现代梁的加腋都是直角三角形，也是比较美观的。但作者分析结果表明，卷杀不仅是起到装饰作用，更有一定的科学性：在竖向外力作用下，力的作用点在雀替梁的悬臂端，梁产

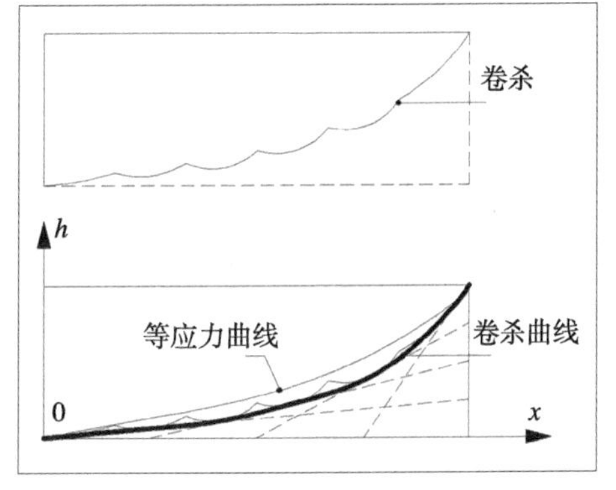

图7-26　雀替卷杀、等应力曲线与卷杀曲线
（图片来源：作者绘制）

生弯曲，其等应力曲线为一条抛物线，见图7-26下图中细实线所示；而雀替下侧的卷杀边界线也是一条抛物线，见图7-26中粗实线所示，这条抛物线与雀替的等应力曲线基本重合。这说明，雀替的下侧抛去的部分尺寸对其受力影响很小。

图7-27　含雀替的家具
（图片来源：作者拍摄；时间：2019年）

雀替的科学性使得其不仅仅用于古代建筑中，古代家具、古代桥梁均有类似雀替的做法。如古代的桌椅，常在腿部与横向支架相交处增设雀替，见图7-27。建于宋绍兴三十年（1160）的泉州浮桥，桥墩上有巨大的石质雀替，承托着石梁，缩短了石梁的跨度，对于抗弯强度较低的石材，起到了很好的补强作用。现代建筑中，钢筋混凝土大梁的加腋，便是由雀替演变而来，它增强了梁头的抗剪能力和抵抗负弯矩能力。很多桥梁的桥墩两侧都有托梁，或者把截面形状做得类似雀替状，见图7-28，同样可起到很好的支撑效果。

图7-28　桥墩两侧的类似雀替做法
（图片来源：作者拍摄；时间：2009年）

雀替的运用不仅具有科学意义，而且还体现了古代的建筑美学。由于雀替像一对翅膀在柱子的上面向两边伸出，这也就使到柱头部分的装饰问题得到了很好的解决。雀替以一种生动的形式随着柱间框格而改变，轮廓由直线转变为柔和的曲线，由方形变成有趣而更为丰富、更自由的多边形，而其上油饰雕刻，内容极富装饰趣味，在建筑整体形象中表现出了结构与美学的结合。

第五节　梁架

一、梁与梁架

紫禁城古建筑的瓦顶层由木构架支撑，其中横向（与宽度平行的方向）的木构架称为梁架，见图7-29和图7-30。紫禁城古建筑的梁架由多个木梁组合而成。这些木梁在上下方向进行叠加组合，共同支撑瓦顶，其具体做法为：最下层的梁长度及截面尺寸最大，且靠近端部的位置设两根短柱（或木墩）；短柱之上再搭一根梁，其长度及截面尺寸略小于最下层梁，且该梁靠近端部位置再设置两根短柱；该短柱之上又搭一根尺寸更小的梁，其端部附近再设两根短柱，依次类推，直至最上层的梁与屋顶最高点充分接近。这种梁的组合方式，犹如一层一层把梁往上抬，因而成为抬梁式构架。抬梁式构架是紫禁城古建筑屋架的形式。不仅如此，我国河北、山西等地的明清古建筑屋架做法亦为抬梁式。

图7-29　景运门梁架
（图片来源：作者拍摄；时间：2017年）

图7-30　神武门梁架
（图片来源：作者拍摄；时间：2007年）

二、梁截面的比例智慧

紫禁城古建筑梁架的运用智慧，其主要体现之一即梁的截面比例能够体现木料的充分利用。我们知道，梁的截面为方形，它却取材于圆木，见图7-31。这样一来，工匠在对圆木进行加工成方木时，就面临一个问题：如何最大程度利用圆木的截面？下面我们来利用基本的材料力学知识来分析。

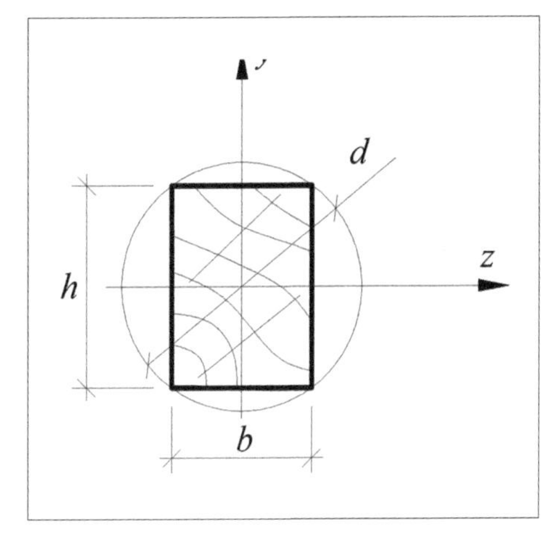

图7-31　圆木与方木的关系
（图片来源：作者绘制）

假设图7-31所示圆木的直径为d，锯成的方木截面宽度为b、高度为h，则由材料力学知识可得：方木截面的宽度b、高度h值越大，则材料的截面抵抗弯矩值越大，木料运用越充分。但是圆木中截面高度h是有限的，它和截面宽度b存在着增减的矛盾，h越大，则b越小，二者存在一个恰当的比例。计算得$b=\frac{d}{\sqrt{3}}$、$h=d\sqrt{\frac{2}{3}}$时，材料截面抵抗弯矩值最大。此时，方木截面的高度h与宽度b的比值为1.414。实际上紫禁城古建筑的梁截面高宽比与这个值基本接近，如太和殿梁架的截面高宽比约为1.30，保和殿梁架的截面高宽比约为1.35，咸福宫配殿梁架的截面高宽尺寸比约为1.47。因此可以认为，紫禁城的古代工匠尽管没有丰富的力学知识，但他们基于经验和智慧，采用与理论值充分接近的比例来对圆木进行取材，保证了木材截面的有效利用。

三、梁架运用的智慧

紫禁城古建筑的屋顶采用的是坡屋顶，而没有采用平屋顶，这是为什么呢？

与平屋顶相比，坡屋顶有着很多优点。首先，紫禁城是帝王执政及生活场所，不同类型的坡屋顶有利于表现出建筑的等级差别，比如庑殿式屋顶建筑等级最高，其次是歇山式屋顶，再次是悬山式屋顶，最低等级的屋顶为硬山式。其次，从建筑功能上讲，坡屋顶有利于采光、隔热、排水。从采光角度讲，坡屋顶使得屋檐有起翘做法，有利于古建筑内部获得更大的采光空间；从保温隔热角度讲，坡屋顶使得屋顶形成一个空间隔热层，夏天过热或冬天过冷的温度不容易传入室内；从排水角度讲，坡屋顶使得屋顶形成较大幅度的坡度，有利于雨水的及时排出。抬梁式木构架的运用，则是形成坡顶屋面的重要前提。

不仅如此，抬梁式木构架形式还避免了梁使用过大的截面尺寸。这是因为，从梁的抗弯承载力角度讲，屋顶重量传递给梁，若梁不做成梁架形式，则所需梁的抗弯截面很大，其截面高度可达2米。实际上，直径为2米的圆木是非常少的。采取梁架形式后，梁的受力方式发生改变，有利于减小所需梁截面尺寸，并有利于增大梁的跨度。

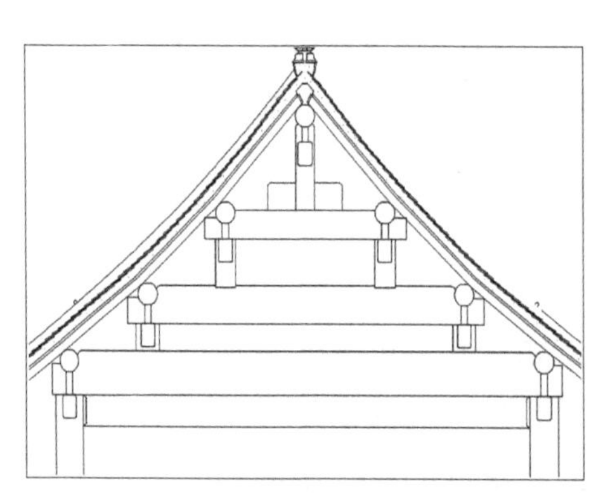

图7-32　太和殿明间梁架示意图
（图片来源：作者绘制）

以太和殿明间梁架受力分析为例来进行说明，图7-32为太和殿明间梁架示意图，其最下层梁的长度为L，受到屋顶传来的作用力分别由不同层的梁来承担，每个部位承担的作用力为P，而传到最下层梁的弯矩只有5PL/12，见图7-33所示。若不采用抬梁式梁架形式，而是直接用一根大梁来承担屋顶重量，则传到大梁上的弯矩达9PL/12，几乎是前者的2倍，见图7-34所示。因此，采用抬梁式梁架后，梁截面尺寸可考虑减小，满足较小截面木材建造较大空间房屋的要求。此外，图7-33可知采用梁架形式后，作用在最下层的大梁上的外力分布更均匀，其弯矩图上的峰值区域为一直线；与之相对比的一根大梁承重方法，其弯矩峰值集中在跨中位置，见图7-34，更易造成梁损坏。由此可知，梁架形式的运用，无论是在使用功能还是材料尺寸选用方面都带来了非常明显的便利，体现了古代工匠的智慧。

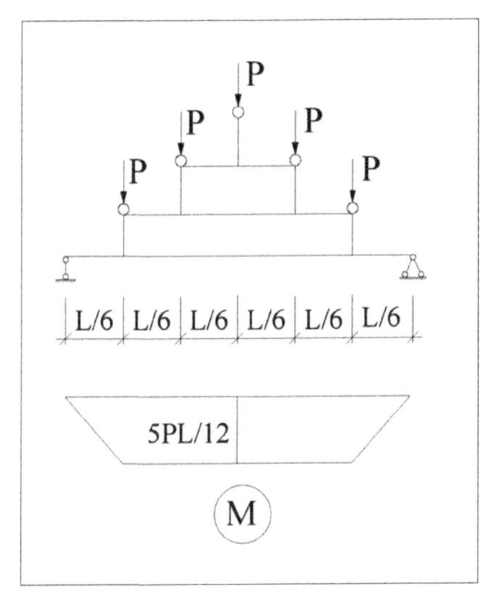

图 7-33　梁架形式受力简图及弯矩分布图
（图片来源：作者绘制）

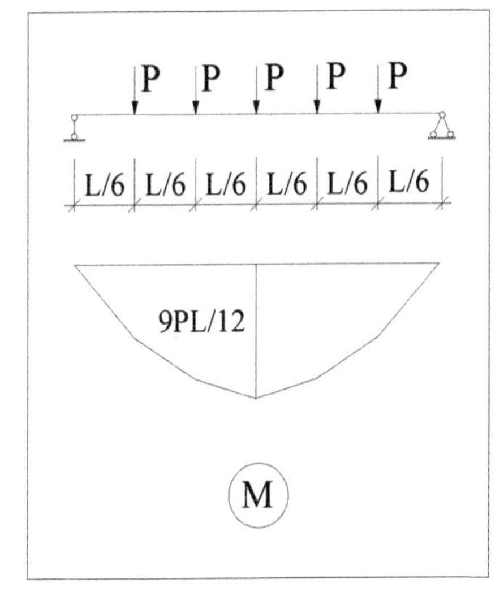

图 7-34　单梁形式受力简图及弯矩分布图
（图片来源：作者绘制）

此外，紫禁城梁架的高度（最下面一层梁到屋脊的距离）与底层梁的长度之比一般不超过1：3，这使得梁架低矮，有利于避免在大风、大震等自然灾害发生时，梁架可能发生的倾覆危险，从而保持其稳定。这亦是紫禁城古代工匠智慧思想的体现。

第六节　透风

紫禁城古建筑是世界上现存规模最大、保存最完整的木结构建筑群。紫禁城古建筑的材料以木材为核心骨架，其维护墙体采用砖料。对于木材而言，其具有良好的抗弯、抗压和韧性性能，但也存在怕潮湿、易腐朽等材性缺陷。因此，紫禁城古建筑的木构件始终处于一个干燥通风的环境，对于古建筑本身的延年益寿而言，是极其重要的。然而，从工序角度讲，紫禁城的古建筑施工工序通常是先安装木柱柱网和梁架，再砌墙。古建筑的墙体很厚，在与木柱相交的位置附近，砌墙时往往会把柱子包起来。封闭在墙体里的柱子，如果不及时采取通风干燥措施的话，很容易产生糟朽，见图7-35。

图7-35　墙体内糟朽的木柱
（图片来源：作者拍摄；时间：2006年）

为解决这一问题，聪明的古代工匠利用古建筑砖料巧妙地制作了一种“空气循环器”——透风。对于现代建筑而言，所谓空气循环器，即一种现代科技设备，其主要功能在于：通过这种设备，能够使得建筑室内外的空气不断流通，达到空气交换的目的。紫禁城古建筑的透风相当于一种原始的空气循环器，因为它能解决墙体内木柱通风问题。紫禁城古建筑的外墙，每隔一定距离就会有一对透风。如图7-36所示的太和殿后檐墙体上，在木柱对应的位置，就安装有上、下

图7-36　上下透风
（图片来源：作者拍摄；时间：2016年）

两个透风。透风依靠墙体外风力造成的风压和墙体内外空气温度差造成的热压等自然力，促使空气流动，使得建筑室内外空气交换来通风，在保证建筑功能情况下，让建筑通过自然通风来调节墙体附近木柱的湿度环境，从而保证了木柱本身的干燥状态。

透风其实就是一块带有镂空雕刻的砖。其安装方式不仅简便，而且科学、合理。紫禁城古代工匠们在长期施工中，逐渐形成排出柱子潮湿空气的做法，即在木柱与墙体相交的位置，不让木柱直接接触墙体，而是与墙体之间存在5厘米左右的空隙，同时在柱底位置对应的墙体位置留一个砖洞口，尺寸约为15厘米宽，20厘米高。为美观起见，用刻有纹饰的镂空砖雕来砌筑这个洞口，这个带有镂空图纹的砖就称为透风。通过透风的镂空位置，墙体内木柱周边潮湿的空气就能够排出。

那么，为什么在竖向上要同时安装两个透风呢？如图7-36所示的墙体的底部、顶部各设置一个透风，上下两个透风在同一竖直线上。其主要目的是为了形成空气对流和循环。仅设置一个透风，相当于空气单向流动，其除湿效果肯定不佳。同时设置两个透风的话，墙体内的柱子在上下方向都能空气流通。即空气从底部透风进入，沿着柱身往上流动，尔后从柱顶位置的透风排出，见图7-37。整个过程中，柱子与墙体之间潮湿的空气就被排出去了，柱子也就能始终保持干燥状态。同时，紫禁城古建筑外墙上的透风位置实际是与木柱位置对应的，如果墙体的某个位置安装了透风，那么墙体立面肯定就有木柱，这就解释了为什么古建筑外墙每隔一定距离就有一个（对）透风了。

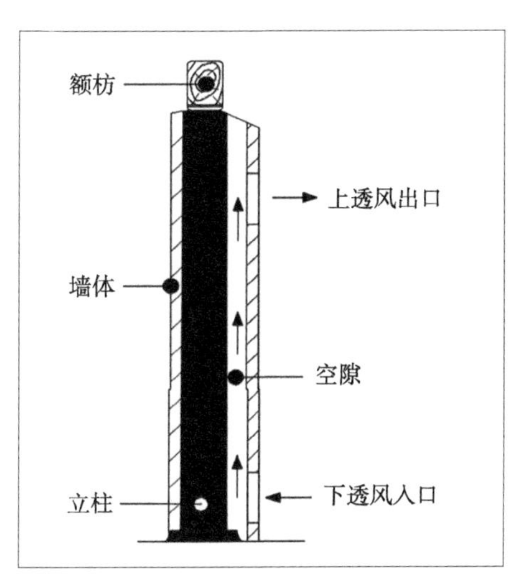

图7-37　透风工作示意图
（图片来源：作者绘制）

紫禁城的工匠在长期的古建

图 7-38　狮子纹透风
（图片来源：作者拍摄；时间：2016 年）

筑施工中，积累了丰富的透风制作经验。他们不拘泥于仅仅在实体砖上开洞来满足墙体内木柱通风需求，而且将砖雕做成了丰富多彩的纹饰，如图 7-38 所示的透风为狮子形象。狮子是我国传统文化中最为常见的神兽，它是智慧和力量的化身，代表英勇、王权和威严，象征地位、尊严和吉祥。透风的使用，对古建筑整体而言，起到了锦上添花作用，并兼有文化性和艺术性。

紫禁城古建筑墙体上透风的使用，解决了靠近墙体位置的木柱易存在的糟朽问题，透风砖巧妙的上下层布置，形成空气循环系统，利用自然风力来排除墙体内的潮湿空气，装置构造简单，使用成本低，是天然的“空气循环器”。透风不仅满足了功能需求，在建筑本身的外观上也产生了一定的美学效果，体现了古代工匠智慧与艺术的结合。

第七节 材料运输

一、木材

作为世界上现存规模最大、保存最完整的木结构古代宫殿建筑群，紫禁城宫殿建筑营建的主要材料之一为木材，建筑所用梁、柱、额枋均为木质，见图7-39。紫禁城营建所需木材属于楠木。尽管楠木的强度与其他木材相近，但是楠木有独特香味、不怕虫蚀、不怕糟朽、不易变形等优点，是营造宫殿建筑的绝佳材料。明代人文地理学家王士性在《广志绎》中记载："西南川、贵、黔、粤饶楩楠大木"，并这样描写楠木："天生楠木，似专供殿庭楹栋之用。凡木多轮多盘曲，枝叶扶疏，非杉、楠不能树树皆直，虽美杉亦皆下丰上锐，顶踵殊科，惟楠木十数丈余既高且直。"紫禁城营建的楠木主要源于四川、云南、湖南、湖北、贵州、浙江、山西等地的深山老林中。《明史》亦记载有："（永乐四年）秋闰月壬戌，诏以明年五月建北京宫

图7-39 太和殿内景
（图片来源：作者拍摄；时间：2019年）

殿，分遣大臣采木于四川、湖广、江西、浙江、山西”，是为营建之始。紫禁城所用楠木尺寸硕大，最大直径可达2米。如此巨木，却生长在山地险要之处，伐且不易，而出山更难。那么，它们是如何从这些深山老林中被运送到紫禁城的呢？

当采木工找到了所需的大木后，首先需要将其砍伐。工匠们先由架长用木搭成平台让斧手登其上，砍去枝叶。同时，用绳子拉着以防木倒伤人，其情形和今天人工伐树差不多。伐倒大树后，由斧手在大树上凿孔，称为“穿鼻”，以便拽运拖拉。凿孔穿鼻之后，就要将大树拖下高山。然后就是“找厢”，就是像铺铁路一样，沿着路面以两列杉木平行铺设于路基或支架上，每距五尺横置一木，以利木材运输。

当木料被运输到山沟时，工匠们将木材滚进山沟，编成木筏，等待雨季山洪暴发时，再将木筏冲入江河（京杭大运河），顺流而划行，沿路有官员值守，以免木料丢失。大树从不同的砍伐地点到北京，整个时间大约是两到三年，或者四到五年。《利玛窦中国札记》描述了紫禁城宫殿建筑修缮所需木材的运输方式：“经由（京杭）运河进入皇城，他们为皇宫建筑运来了大量木材，如大梁、高柱、平板。神父们一路看到把梁木捆在一起的巨大木排和满载木材的船，由数以千计的人们非常吃力地拉着沿岸跋涉。其中有些一天只能走五六英里。像这样的木排来自遥远的四川省，有时是两三年才能运到首都。其中有一根梁的价值就达3000金币之多，有些木排则长达两英里。”

运输木材的水运路线主要有两条：一是通过通惠河运到北京的神木厂。神木厂，顾名思义为存放木材的地方。神木厂设在今崇文门外。据《明史·成祖本纪》记载：“永乐四年……所遣往四川之尚书宋礼言，有数大木一夕自漂大谷达于江，天子以为神，名其山曰神木山，遣官祠祭”，因此称存放特大木材的地方为神木厂。由于木材陆续堆放，以致沿河占地很大，今广渠门外东边尚有皇木厂的地名。运至神木厂的木料源地主要有：浙江的木材由富春江入京杭大运河，经天津入北运河，再经通惠河进入北京，再运至神木厂。江西地区的木材通过赣江入长江，两湖的木材通过湘江与汉水入长江，四川的木材通过嘉陵江与岷江入长江；然后在镇江、扬州等地交汇，经京杭大运河北上，再抵达通惠河，并进入神木厂。经过京杭大运河的木材产地多、材源足，因此从通州张家湾到城区崇文门的通惠河中，大量木材源源不断运入神木厂。二是经山西的桑干河到永定河，把木材运到北京的大木仓。现在北京城内西单稍北的大木仓胡同，就是沿用近600年为营建宫殿所设木仓的位置。当时北京城内东西两个大木储存场材料充足，因此在兴建紫禁城期间，从未出现过停工的现象。其中大木仓有仓房3600间，保存条件良好，到明正统二年（1437），仍有库存木材38万根之多。

紫禁城所需楠木料从全国各地的深山老林中通过水运方式，被源源不断地运到了紫禁城，满足了紫禁城营建所需的木料需求。

二、石材

紫禁城古建筑的营建和修缮，其重要工种之一为石作，即对石料进行取材、定样、选料、搬运、制作、安装的工种。石作涉及的建筑构件包括：台基、地面、柱础、栏杆、门枕、水槽等。从体量来看，台基所用石材为大型，地面、柱础所用石材为中小型，其余石构件所用石材为小型。上述石材所需石料种类主要包括汉白玉、青石、豆渣石（花岗岩）、花斑石、青砂石。其中，汉白玉主要用于勾栏望柱，太和殿（图7-40）、保和殿的台基也为汉白玉加工而成；青石主要用于普通宫殿台基，见图7-41；豆渣石主要用于沟基及路面；花斑石主要用于磨石地面，见图7-42；青砂石主要用于次要房屋的柱础台基，见图7-43。

图7-40　太和殿台基
（图片来源：作者拍摄；时间：2017年）

图 7-41　乾清宫前花斑石地面
（图片来源：作者拍摄；时间：2019 年）

图 7-42　太和殿广场东南角排水沟石
（图片来源：作者拍摄；时间：2017 年）

图 7-43　紫禁城内普通院落及台基
（图片来源：作者拍摄；时间：2018 年）

紫禁城营建和修缮所需石料的主要产地为北京周边地区。明代《明水轩日记》记载了北京明代时主要石料的产地和距京的里程："白玉石产大石窝，青砂石产马鞍山（今北京市门头沟区内）、牛栏山、石径山（今北京市石景山区）；紫石产马鞍山，豆渣石产白虎涧（今北京市昌平区）。大石窝至京城一百四十里，马鞍山至京城五十里，牛栏山至京城一百五十里，白虎涧至京城一百五十里，折方估价，则营缮司主之。"（见《钦定日下旧闻考》卷一百五十）花斑石多来自今江苏徐州、河南浚县等地的山区。浚县屯子镇境内的象山早年间发现的明代摩崖，记载着“天启六年四月廿八日奉旨开采皇极殿花石题”，通篇为7行、110字的竖写文字，说明了在明代天启年间，奉旨修复皇极殿而在浚县开采花斑石一事。

上述石材开采后运送至紫禁城宫殿施工现场，一般有以下四种方式。

（一）旱船：用于特大型石材。所谓旱船，就是用方木特制的一种木架，专门用来承载特大石材。明代贺仲轼撰《两宫鼎建记》记载了明万历年间重修三大殿台基丹陛石运输过程：“中道阶级大石，长3丈，阔1丈，厚5尺（1尺为1丈的1/10，约0.31米），派顺天等八府民夫2万，造旱船拽运，派同知、通判、县佐二督率之，每里掘一井，以浇旱船、资渴饮，计二十八日到京，官民之费总计银11万两有奇。”估计这块石料重达180吨。运输这样巨重的材料，既不能用车也不能就地滚，于是选在冬季运输，沿途每隔一里打一口井，路上泼水成冰，拽石在冰上滑行，摩擦阻力较小，这在当时的条件下，不失为有效的方法。但用这种办法仍需要工匠2万余名，经过28天才拽运到北京。若按房山大石窝至北京距离以140里计，其运输时间花费近1个月，每天行程约4～5里，运输之艰难可见一斑。不过这块石头的长度仅仅为原来御路石的60%，为符合要求的长度，需用3块石料巧妙地拼接起来。拼接时，如果直缝对接，必定会露出接缝，非常丑陋。聪明的石匠们采用云纹凸起的曲线作为拼合线，使得石料之间的接触面高低起伏，凸凹交错，即使是3块石料拼合，也显得严丝合缝，不走近看，很难发现出来。只不过由于历经时间长久，台阶石块产生变形错动，因而使得裂缝出现。

（二）骡车：用于中小型石材。明代官府设有（骡）车户专门负责运输石材，若官府车辆数量不够，则从顺天府、保定府等地佥派车户。当时运输石材的车辆有十六轮、八轮、四轮及二轮之分，视石材轻重而采用不同的车辆。据明代贺仲轼所著《冬官记事》载：“鼎建两宫（乾清宫、坤宁宫）大石，御史刘景晨亦有佥用五城人夫之议。工部主事廓知易议：造十六轮大车，用骡一千八百头拽运，计二十二日到京，计费银七千两而缩。”明代《暖姝由笔》载：“嘉靖二十三年（1544）夏，建造九庙，大柱石磉取诸西山。每石用骡二百头拽，二十五日至城。”（见《钦定日下旧闻考》卷三十三）明嘉靖年间，毛伯温任工部尚书，发明了八轮车，便于宫殿营建和修缮时的石材运输。据史料记载：“数年，召复原官。进工部尚书。督天寿山诸陵。石柱道远，车推，劳费甚。伯温以意制八轮车，工作易就而事办。调兵部尚书。”[①]对于小型石材，则多用于四轮或二轮骡车运输。

（三）水运：用于产地较远的小型石材。产于江苏徐州、河南浚县等地的花斑石就是通过京杭大运河运至北京来的。徐州出产之花斑石，由漕船运载经御河北上，进入北运河到达通州漕运码头；产于河南浚县的花斑石则经卫河进入御河，沿途北上到达通州漕运码头。

（四）摆滚子：用于施工现场。摆滚子又称滚杠，多为原木，且木材多为较硬的榆木。摆滚子的方法如下：先用撬棍将石料的一端撬离地面，并把滚杠放在石料下面，然后用撬棍撬动石料，当石料挪动时，趁势把另一根滚子也放在石料下面。如果石料很重，可以再放几根滚子。如果地面较软，还可预先铺上大木板，让滚子顺大木板滚动。滚子摆好后，就可以推运石料了。在推运过程中，工匠们不断地在下面摆滚子，如此循环，便可运走石料。沉重的石料可用若干撬棍撬推，也可用粗绳（俗称“大绳”）套住石料，由众人拉动。在搬运石料过程中，有领头的工匠指挥众工匠一起用力，并伴随喊号前行。这种搬运石料的方式称为“摆滚子叫号”。

紫禁城宫殿修建所用石材的运输时间一般为冬季。夏秋季节，路面暄软，本身不利于运送重物，且此时雨水较多，一旦遇雨道路泥泞不堪，给石材运输带来极大影响。且春夏之际，往往农事繁忙，此时

---

① ［清］杜果等纂：《康熙江西通志》，凤凰出版社2009年版，第279页

征调民夫对于农业生产不利。因此，石材运输往往都在冬季进行，此时道路坚硬，易于运输，且不妨碍农事。通过上述不同的运输方式，使得大小不同的石材运到了紫禁城施工现场，不仅满足了紫禁城修建的石材需求，而且还体现了古代工匠的智慧。

第八章

古建筑宝匣镇物的和谐文化

镇物，又称“禳镇物”“辟邪物”“厌（压）胜物”。作为传承性器物文化的一支，它源起于人类社会发展的低级阶段，并随着人类生存空间的拓展、创造手段的丰富及生命意识的增强而越来越曲奇庞杂。镇物以有形的器物表达无形的观念，帮助人们承受由各种实际的灾祸危险以及虚妄的神怪鬼祟带来的心理压力，克服各种莫名的困惑与恐惧。因此，镇物不仅是一种物承文化，更有精神的或信仰的成分。作为非实用的工具，它体现为自然物质与人类社会、精神意识的统合，或者说，它是凝聚着心智与情感的心化的器物。可以说，镇物是文化象征的产物，其原始含义是巫术神话的外化，是宗教的通灵法物，也是风俗传习的符号。镇物以一定的时空条件为存在前提，与社会的文化心理及风俗传统相依存，主要发挥镇辟与护卫的心理功用①。镇物的原始含义中，所辟克的对象多为鬼祟、物魅、妖邪、阴气、敌害之类，具有神秘的俗信气息，并不乏妄作因果的迷信色彩。由于这种功用的间接性与对象的虚无性、方式的象征性、效果的模糊性和形制的驳杂性并存，因此，镇物历来显得奇奥而神秘。镇物也以“超自然的力量”控制他物或环境，主要被用来排解恐惧与困惑，增强人们生活的信念，从而乐观地面对现实人生。镇物从原始本质来讲，是巫具的延伸与泛化，它常常脱离仪式、咒祝、巫觋的“三位一体”而单独启用，表现出巫术信仰的分化及其在民间风俗中的物化趋向。镇物作为脱离巫

① 陶思炎：《中国镇物文化略论》，《中国社会科学》，1996年第2期，第138—147页。

觋而俗用的巫具，也主要发挥心理排解的功用，尽管仍保有神秘信仰的氛围，但滞重中不乏轻松，流溢出乐生的基调。在北京古都建筑中，镇物亦得到了应用，多用于古建筑屋顶，其含义不仅限于辟邪克妖，在古代生产力落后的条件下，更是一种祈祷风调雨顺、国泰民安、家庭安居乐业的愿望的体现。古建筑“镇物”文化中的精髓，是体现人与自然的和谐。本章以紫禁城古建筑屋顶的宝匣为例，解读其镇物文化及其中的和谐理念。

第一节　紫禁城古建筑宝匣的镇物

紫禁城古建筑在建造或修缮快完工时，会在建筑物内放置“镇物”——宝匣。有专家认为，皇家宫殿建筑屋顶放置宝匣，与民间传统建筑文化习俗密切相关。中国民间盖房上梁时有悬挂“上梁大吉”字条、抛元宝、安放镇物等祈求平安的方式，以表达对美好事物的追求和对趋利避害的愿望。类似的，紫禁城古建筑中，在屋顶施工结束前，施工人员往往要郑重其事地在屋顶正脊中部预先留一个口子，称之为“龙口”。尔后会举行一个较为隆重的仪式，由未婚男工人把一个含有“镇物”的盒子放入龙口内，再盖上扣脊瓦。这个盒子被称为宝匣，而放置宝匣的过程称为合龙。龙是中国神话传说中的神异动物，为百鳞之长，常用来象征祥瑞，亦是帝王的象征。紫禁城是帝王议政及生活的场所，其建筑屋顶安放宝匣，并举行合龙仪式，充分体现了皇家建筑的重要性及帝王对宫殿建筑保持稳固长久的祈盼，同时也反映了古人祈求吉祥喜庆、国泰年丰的心理，并通过把这种愿望藏在建筑物的心间的方式予以表达。

在历年的古建筑维修过程中，已逐步发现紫禁城内各建筑屋顶的宝匣。这些建筑主要包括：太和殿、保和殿、武英殿东配殿、储秀宫后西配殿、储秀宫、储秀宫东配殿、丽景轩、翊坤宫东配殿、玄穹宝殿、奉先殿、奉先殿后殿、西华门、永寿宫前殿、永寿宫后殿、太和门、协和门、慈宁门、慈宁宫、寿康宫、昭德门、大高玄殿、宝华殿、漱芳斋、养性门、体和殿、承乾宫、承乾宫后殿、毓庆宫、颐和轩、景祺阁、翊坤宫、平康室、坤宁宫西暖殿、坤宁宫东暖殿、贞度门等。

宝匣有等级之分，尺寸不一，质地各异。从已发现的宝匣看，其质地大致有铜、锡、木三种。宝匣呈扁方形。铜宝匣制作较为精美，表面镀金，有的还刻龙凤双喜图案。锡质宝匣有的表面彩绘龙纹，有的则无装饰。宝匣的尺寸大小不一，目前主要测定的宝匣尺寸有（长×宽×高，单位：厘米）：太和殿宝匣28.5×24.5×7，太和门宝匣42.2×18.6×5.8，昭德门宝匣30×25×8，贞度门宝匣28.4×21.4×5.9，平康室宝匣42.1×28.8×5.5，等等。

紫禁城古建筑的宝匣内都有镇物。这些镇物一般包括“五金”“五谷”“五色线”“药味”等物品。五金多为金、银、铜、铁、锡；五谷多用稻、麦、粟、黍、豆数粒；五色线为红、黄、蓝、白、黑色丝线各一缕；药味包括雄黄、川连、人参、鹿茸、川芎、藏红花、半夏、知母、黄檗等。镇物还可包括珠宝、彩石、铜钱（多为24枚，上铸有“天下太平”四汉字，也有满汉文合璧的）、佛经、施工记录等。

清档案《内务府来文：陵寝事物》第2945包内有关于万年吉地隆恩殿宝匣内实物的记载——五金：金、银、铜、铁、锡各一锭。五石：五色宝石各一块。五色缎丁：蓝、绿、红、黄、白五色缎各一尺。五色线：蓝、绿、红、黄、白五色线各一两。五香：芸香、降香、檀香、合香、沉香各三钱。五药：鹤虱、生地、木香、防风、党参各三钱。宝经：五页。五谷：高粱、粳米、白姜豆、麦子、红谷子各一撮。

另据《太和殿记事》记载，康熙三十四年（1695）重建太和殿，宝匣内放——五金：金、银、铜、铁、锡各一锭。金钱：八个，每个重一两七钱。五色宝石：红宝石、蓝宝石、翠、碧玺、玉石各一块。经书：五卷（系忏咒）。五色缎：五块。五色线：五缕。五香：红降香、黄芸香、紫沉香、黑乳香、白檀香各三钱。五药：生地黄、木香、河子、人参、茯苓各三钱。五谷：高粱、黄米、粳米、麦、黄豆。

第二节　镇物的安放仪式：龙口与合龙

龙口即放置宝匣时预留的空当（口子）。龙口位置一般位于屋顶正脊中部，见图8-1和8-2。所谓脊，就是沿屋面转折处或屋面与墙面、梁架相交处，用砖、灰、瓦等材料做成的砌筑物。脊兼有防水和装饰作用。正脊，则是指沿着前后坡屋面相交线做成的脊。正脊往往沿桁檩方向，且在屋面最高处。古人用龙口来形容这个位置，充分反映了其重要地位。宝匣内装有辟邪用的镇物，而把宝匣放入龙口后，将空挡顶部的瓦扣上，则被称为“合龙”。亦即古人用龙来形容建筑屋顶正脊，而合龙则表示龙口含镇物，可保佑建筑消灾避难，长久稳固。此外，紫禁城内无论建筑级别高低，正脊龙口位置均会放置宝匣，工匠中亦有“瓦匠不合空龙口”说法。

图8-1　太和殿龙口位置
（图片来源：作者拍摄；时间：2016年）

图8-2　龙口
（图片来源：王文涛提供；时间：2007年）

古建筑维修时，将龙口中宝匣取出，该过程称为“请龙口”。维修工程结束前，还需将宝匣归安龙口，称为“合龙”。讲究的工程在合龙时敲锣打鼓，举行祭祀仪式，选童男（实为未婚的瓦作男性工人）将宝匣放回龙口，并砌上扣脊瓦。

太和殿宝匣在20世纪50年代的一次修缮中被取下，一直存放在库房中。2007年9月5日上午，故宫博物院在太和殿大修结束前，举行了隆重的宝匣“迎龙口”（合龙）仪式。此次回放太和殿宝匣为铜质抽屉式，表面鎏金，刻有龙纹，并带有封装镇物用的销子。太和殿宝匣内的镇物包括金锞和五经、五色缎、五色线、五香、五药、五谷等物的残存部分。“迎龙口”仪式上，时任院长郑欣淼先生宣读了关于太和殿修缮经过的《太和殿修缮工程纪事》。随后，该《纪事》与其他镇物由工作人员分别装入黄色锦囊袋中，并一同放入宝匣中。封装好的宝匣，由太和殿施工负责人郑重地交给预先选定的工人，再由工人登梯至屋顶龙口位置。其间由多名人员陪同前后，称之“护盒”。太和殿宝匣回放入龙口后，工人将预先备好的扣脊瓦和泥砌好，即完成合龙仪式。上述过程见图8-3至图8-5所示。

图8-3　部分放回宝匣的镇物
（图片来源：王文涛提供；时间：2007年）

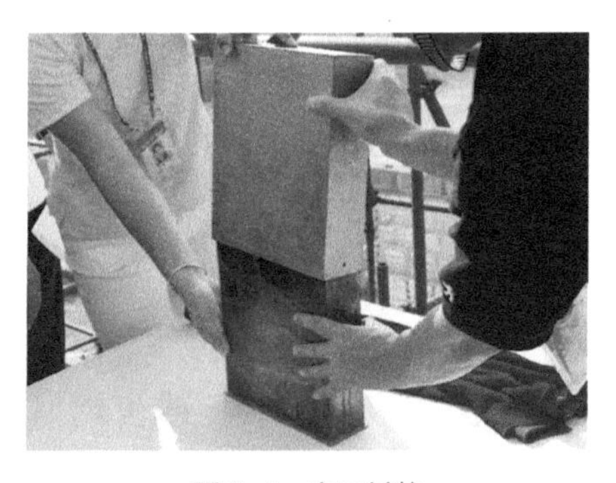

图8-4　宝匣封装
（图片来源：王文涛提供；时间：2007年）

图8-5　合龙后的屋顶
（图片来源：王文涛提供；时间：2007年）

故宫太和殿宝匣的合龙仪式反映了故宫古建筑维修的理念，即不仅要保护古建筑本体，还要着力保护古建筑蕴含的传统文化观念。

第三节　镇物之厌（压）胜钱

相对其他种类的镇物，厌胜钱在古建筑屋顶中应用更为广泛。紫禁城宝匣内一般有24枚铜钱，而这种铜钱又被称为"厌（压）胜钱"。

关于"厌胜"一词的词义，在《辞源》中有："厌胜：古代迷信，谓能以诅咒制胜。"《汉书》九九下《王莽传》："莽亲之南郊，铸作威斗。威斗者，以五石铜为之，若北斗，长二尺五寸，欲以厌胜众兵。"也作"魇胜"。北齐颜之推《颜氏家训·风操》："偏旁之书，死有归杀……画瓦书符，作诸魇胜。"林富士（稽童）先生在《压抑与安顺——压胜的传统》中，则比较详细地讨论了这个词，他说："'厌胜'似乎是汉代人才开始使用的一个词汇……不过，始终不曾有人解释过这个词汇的含义。因此，只能从定义以及和厌胜有关的各种仪式和行事加以判断。'厌'在古代文献中，常和'压'通假，有逼迫、压抑、镇压、镇服、掩盖和攘除的意思，因此，所谓'厌胜'，似乎是指强力镇压、逼迫、排除，使之屈服而取胜。此外，'厌'也有满足、顺服、安静、平安、静止的意思，因此，'厌胜'似乎也可以解释为平安克服困难，心满意足，顺遂胜利。这两层意思并不完全相同，但也不互相矛盾。二者的差异是因为评判角度不同而造成的，这从施行厌胜之术的目的和时机便可以知道。"

下面以《汉书》中出现的部分"压胜"为例，分析一下其多方面含义[①]。

（一）"建平四年，单于上书愿朝五年。时哀帝被疾，或言匈奴从上游来厌人，自黄龙、竟宁时，单于朝中国辄有大故。上由是难之。师古曰：'厌音一涉反。'"（《汉书·匈奴传》）这段话的意思是说匈奴单于要来朝拜汉朝皇帝，当时哀帝生病，不想单于来。而且以

① 史杰鹏：《"厌胜"之词义考辨及相关问题研究》，《励耘学刊（语言卷）》，2013年第2期，第83—108页。

往黄龙、竟宁年间，单于一来朝见，汉朝皇帝不久就驾崩。因此，匈奴位居上游，来到汉朝，就会导致“相应”的人倒霉。所以洪迈说：“元寿二年正月，单于朝，六月帝崩。事之偶然符合，有如此者。”这里的“压胜”，正是“厌人”的反映。

（二）“莽亲之南郊，铸作威斗。威斗者，以五石铜为之，若北斗，长二尺五寸，欲以厌胜众兵。师古曰：‘厌音一叶反。’”（《汉书·王莽传》）这段话的意思是说，王莽看见四方起兵造反，于是铸造了一个威斗，“欲以厌胜重兵”，这里的“厌胜”应为“对抗”之意。

（三）“莽见四方盗贼众多，复欲厌之，又下书曰：予之皇初祖考黄帝定天下，将兵为上将军，建华盖，立斗献，内设大将，外置大司马五人，大将军二十五人，偏将军百二十五人，稗将军千二百五十人，校尉万二千五百人……师古曰：‘厌音一叶反。’”（《汉书·王莽传》）这段话的意思是说，王莽自称皇帝之后，黄帝设了多少官职，他也仿效之，其实也就是“迎合”黄帝的官吏之数，让大家深信自己受命于天，宛如黄帝，以为这样就可以消解叛乱。这里的“压胜”具有“迎合”之意。

旧时民间建房造屋，往往采用“太平”“顺治”等吉利钱文行用钱作上梁钱，还有特制者，宫中还有金、银所制者[①]。如明代《张太岳文集·杂著》提到：“皇城北苑有广寒殿……万历四年忽自倾圮，其梁上有金钱百二十文，盖镇物也，上以四文赐余，其文曰至元通宝。”这些“至元通宝”金钱，当为元世祖至元年间营建广寒殿时的上梁钱。《大钱图录》载有一品“光绪通宝”背八卦图案大钱，并谓：每遇修葺，各宫殿上梁时安置宝盒，盒中皆贮此钱。这些专用、专铸上梁钱，用作“厌胜”，应属“民俗”范畴。这种“厌胜”追寻根源是多方面的。古代先民对水、火、风、雨、雷、电给人类带来的灾难不理解，对病、梦、死亡也不理解。这种厌胜民俗以树立“图

① 王家年：《吉祥如意上梁钱》，《理财》，2015年第9期，第70页。

腾”“求神”“信佛”作为精神寄托，指望通过祭祀、巫人来诊解，反而被巫人引向邪路。为避凶煞书写符箓，佩戴护身符以求神佛保佑平安。民间建房，动土、上梁、进屋等主要程序，都要请阴阳先生择定吉日良辰。其中以“上梁”最为讲究，场面隆重热烈。民居屋架结构中，正屋正顶一根桁条为“栋梁”，一向被人们视为镇屋之梁而倍加重视。上梁就是指上这根桁条。上梁前先祭梁，主人摆上鸡、鱼、肉“三牲”供品，主持祭梁的木匠师傅筛酒祭天、祭地、祭八方神灵，然后捉起准备好的大红公鸡，用斧头砍断鸡颈，边念赞词边将鸡血洒于大梁上，称作点光。梁上贴红纸，上书“上梁大吉”四个大字，再覆以红布或红被面，系上两条大糕，寓意步步高，由瓦木匠扛梁登梯。随着扛梁人一步步登高，家主燃放鞭炮，木匠唱赞词，如“下有金鸡叫，上有凤凰啼，此时正是上梁”等，家人、亲友和围观者齐声“接口彩”“好！好”。大梁升到堂屋脊上并安置好后，瓦木二匠将主人准备好的糖果、香烟、糕抛撒到围观的人群中，称为“抛梁粑”，并又一次大唱赞歌。大人、小孩边应和，边在地上抢拾。此时，爆竹飞炸，人声鼎沸，气氛达到高潮。各地上梁风俗大同小异。

由上不难发现，古建筑中厌胜钱的真实目的，还是对抗“邪恶”（自然界的灾害及其侵扰人体的病魔），保佑建筑和居住者平安，体现一种人与自然和谐为主的理念。

第四节　宝匣中镇物的和谐文化

宝匣中镇物的应用，是一种和谐文化。其主要体现于古人在科技条件有限的情况下，对避灾求福的一种适应。镇物风俗应用极为广泛，从功用说，主要有护身、镇宅、镇路、镇墓等，以辟阴镇祟、除凶禳灾为追求；从范围说，它涉及岁时风俗、人生礼俗、衣食住行、生产习俗、民间艺术、民间信仰、民间文学等领域，几乎涉及人类生活的全部空间。天灾、疾疫威胁人牲，不论是地震、火灾、旱涝或虫害，还是瘟疫、疾病，常使人防不胜防。为消灾弭患，不受侵害，人们也试图以镇物加以退辟，从而形成防灾祛病的禳镇风俗。锣鼓及其他响器、干柴、烈火、铜牛、石鸡、扫晴娘及刘猛将、龙灯、狮舞、红豆、口数粥、屠苏酒、重阳糕等，就成为此类镇物的符号。这些符号各有由来，往往包容着复杂的文化内涵和迷离怪异的生成逻辑，尽管这些做法有着迷信的成分，但对于现代人而言均属于一种和谐文化。

紫禁城古建筑屋顶的宝匣属于镇物。这种镇物最初虽由俗信或迷信所驱动，但仍有入世乐生的积极意义，并拥有多重的文化价值及和谐思想①。首先，镇物具有认识的价值。它作为信息的载体，是一定社会、一定时代的标本，从镇物可窥探时人的心理与风俗，了解物质生活、社会生活与精神生活的相互关系。借助镇物，我们不仅可察知前人的思绪与情感，也可比照当代生活，洞悉当今人的心理与信仰。镇物是法器，是工具和武器，同时也是用具和饰品，其中不乏精美的艺术创造，诸如神像、面具、门神、中堂画及一些建筑装饰等。镇物的多类型、多功用正反映了人类生活的丰富多彩，以及人类创造手段的纷纭与奇巧。其次，镇物具有改造的价值。镇物是人心的外化，也是人的力量的一种延伸，尽管它以神祇、灵物相附会，实际上是以人

① 陶思炎：《论镇物与祥物》，《江苏行政学院学报》，2005年第4期，第22—27页。

的创造求得与天地的通连，从而达到近神远鬼的功效。因此，镇物作为思维的产物，也是人的身体的延伸。镇物的主旨在于对环境加以改造，辟克一切有形与无形的异己之物，“净化”人的生存空间，把一个充满贼害的险恶世界改造成长乐未央和谐的乐土。再次，镇物具有文化艺术的价值。镇物的研究是巫术的研究、原始宗教的研究、民俗学的研究、心理学的研究、人类学的研究，同时也是艺术与美学的研究。镇物伴随着人的主体地位和主体意识的出现而产生，成为人类对自己能力、智慧的一种特殊表达，这种表达在于逐步提高自身的认识、适应自然、推进生产力的进步，为人与自然和谐的一种反映。对镇物这种象征文化现象的研究，其实就是对人的研究，因此，它对于文化人类学和宗教人类学的研究来说，具有显著的价值。

镇物原始意义作为一种巫术，经由建筑这一载体保存、流传了下来，形成中国传统建筑文化的一部分。比如建筑中用的主要厌胜形式——“压制求吉型”厌胜能加强人们心理上的安全感，反映了人们积极追求建筑安全感的文化现象。厌胜虽然具有浓厚的迷信色彩，但也是中国文化的重要组成部分，反映了古人的特定的群体思想状态。又如镇物构件化是古代特定的思想文化在建筑中的具象化，同时对建筑构件产生了美化的效果，进而形成了既有精神文化内涵又有形式美感的构件，丰富了传统建筑美学。这进一步显示了中国建筑美学的重要特点：结构性、装饰性、文化性三者有机结合。再如，厌胜钱和宝匣中的厌胜之物，常有工程日期或上梁、“合龙”日期的记载。如北京故宫红本库在20世纪50年代初修缮的时候，其正脊内宝匣中除了五色丝线、铜钱、五谷等物，还有一张红纸条，上书“大清同治三年吉日”（翻修），由此得知这座建筑的修建年代。这为后世提供了明确的历史记录，对判定建筑历史文化具有非常重要的意义[1]。

---

① 张剑葳：《厌胜在中国传统建筑中的运用发展及意义》，《古建园林技术》，2006年第2期，第37—42页。

第九章

古建筑构造中的和谐艺术

北京古都建筑历史悠久、文化灿烂，不仅在建筑群的选址、布局、营建等方面有着丰富的和谐文化，而且单体建筑本身，其构造亦蕴含着和谐的思想。作为北京古都建筑的代表，紫禁城古建筑群种类齐全，其构造具有典型的代表性。紫禁城古建筑从上到下的主要构造包括屋顶（含屋架）、斗拱、装修、梁（额枋）、柱、基础等部分，其中梁（额枋）与柱采用榫卯节点形式连接。本章以紫禁城古建筑为例，主要解读上述构造的建筑艺术与形态的和谐。这些构造艺术不仅具有基本的实用功能，也蕴含丰富的精神欣赏价值和思想观念，既满足人类的物质生活需求，又使人们得到美的享受。紫禁城古建筑的不同构造，都具有实用功能，这是其艺术性的最基本审美。在此基础上，帝王的意愿及工匠的智慧在其中得到体现，使得这些构造被赋予了感情的成分。可以认为，这些构造具有形态美，其形态特征是建筑艺术的样式和形状。建筑艺术的形态千姿百态，但最终形态的确立首先取决于所服务的建筑构造，同时不断美化形态，融入使用者思想观念，使建筑内容的各个方面在形态上充分展现出来。不仅如此，紫禁城古建筑不同构造的营建工艺也体现一种美，或精巧细致，或宏伟壮观，其形式是内容表现的语言层面，内容与形式共同构成艺术设计的美。紫禁城古建筑不同构造艺术的内容美与形式美的巧妙结合，充分体现了艺术的多个理念，其中包括实用价值与审美价值的融合，艺术与技艺的交叉，感性与理性的统一。[①]

① 申研：《艺术设计的内容美与形式美》，《艺术教育》，2010年第4期，第124页。

第一节　屋顶

紫禁城古建筑的屋顶主要包括以下四种类型：

（一）硬山：硬山式屋顶有一条正脊和四条垂脊（脊是屋面两个坡的交线）。这种屋顶造型的最大特点是比较简单、朴素，只有前后两面坡，而且屋顶在山墙墙头处与山墙齐平，没有伸出部分，山面裸露没有变化。硬山式屋顶在紫禁城古建筑屋顶类型中等级最低。

（二）悬山：是两坡顶的一种，其等级仅高于硬山。悬山屋顶的特点是屋檐悬伸在山墙以外，屋面上有一条正脊和四条垂脊，又称挑山或出山。

（三）歇山：由一条正脊、四条垂脊和四条戗脊组成，故称九脊殿。其特点是把庑殿式屋顶两侧侧面的上半部突然直立起来，形成一个悬山式的墙面。歇山顶常用于宫殿中的次要建筑和住宅园林中，也有单檐、重檐的形式。歇山屋顶的建筑等级高于悬山屋顶。

（四）庑殿：又称四阿顶，有五脊四坡，又叫五脊顶，前后两坡相交处为正脊，左右两坡有四条垂脊。重檐庑殿顶庄重雄伟，是古建筑屋顶的最高等级。庑殿屋顶的建筑等级是紫禁城古建筑等级最高的。太和殿即为重檐庑殿屋顶。

此外，紫禁城古建筑屋顶还有攒尖形式。攒尖屋顶是指屋顶的各个坡向上延伸，攒在一起，最终都在顶部交汇，顶部则称为“宝顶”。由于这种屋顶造型丰富（比如可以做成圆形攒尖、五角形攒尖、梅花形攒尖等），且没有正脊，这样一来，它就不属于正式建筑了，称为杂式建筑，也不存在建筑等级一说。

图 9-1　故宫景运门东硬山屋顶建筑
（图片来源：作者拍摄；时间：2017 年）

上述不同类型屋顶的照片见图9-1至图9-5。

图 9-2　故宫军机处章京值房悬山屋顶
（图片来源：作者拍摄；时间：2011 年）

图 9-3　故宫箭亭歇山屋顶
（图片来源：作者拍摄；时间：2017 年）

图 9-4　故宫太和殿庑殿屋顶
（图片来源：作者拍摄；时间：2011 年）

图 9-5　故宫中和殿攒尖屋顶
（图片来源：作者拍摄；时间：2017 年）

紫禁城古建筑屋顶的和谐性主要表现在以下三个方面：

（一）屋顶构造的科学性[①]。紫禁城古建筑中的屋顶在材料的选择上，主要以瓦片为主。其主要的原因在于考虑整座建筑的防火、防水与排水。由于中国古建筑中的主体框架结构是由木材组成，因此，对于屋身以及内部梁架结构的保护，也就成为屋顶的主要功能。另外，古建筑中的屋脊不是“直线型”，而是采用“曲线”的形态。而建筑内部由“举折推檐”之法所构成的檩梁结构，也使得屋顶的坡面呈现多段的折线，进而又衍生出“曲面”的屋顶。而该种巧妙构造之法的

① 刘宇，李先达：《浅析中国古典建筑屋顶艺术》，《艺术与设计》，2018年第10期，第63—65页。

功效与优势则主要表现在它的排雨速率与时间上。根据物理推算，曲线型的界面要比直线型的界面，在排水时间上会更快些，并且不容易产生积水的现象，而古建筑中屋顶的界面在弧度与角度的推算上，都十分得当。它也成为屋顶呈现曲线形态的重要原因。除此之外，紫禁城古建筑中的屋顶还探出屋身，具有出檐深远的特征。其主要目的在于防止雨水的侵蚀，保护其内部梁柱与斗拱构造的完好性。

（二）屋顶形制使用的合宜性。我国古建筑的屋顶种类多样，并由前述可知分为庑殿、歇山、悬山、硬山等类型，而不同的屋顶形式适用于不同的功能与范围。如庑殿、歇山主要适用于重要的宫殿建筑，其瓦面颜色多用黄色；硬山、悬山则用于等级较低的值房，其瓦面颜色多用黑色。紫禁城古建筑中的屋顶形式不是随意的建置，有着严格的等级与制度要求，有着自身独树的营造体系，需要完全依照“礼制”所规定的内容进行。如庑殿类屋顶建筑等级最高，硬山类屋顶建筑等级最低；重檐的屋顶形式要高于单檐的屋顶等。如客观地从设计学的角度来谈，这种等级与秩序性，也主观地稳固与强化了屋顶的形制与内容，使其具有“模式化”与“规范化”的特征。它在求得丰富“形式”的基础上，又求得了统一性。

（三）屋顶造型的艺术性。紫禁城古建筑的屋顶形式多样，造型优美。各屋顶由上至下坡度缓和，形成柔和优雅的曲面，各坡面相交的脊则形成优美光滑的曲线。各脊的端部，都排放着形态各异、秩序井然的小兽，丰富了屋顶的造型，增添了屋顶的活力。我国著名的古建筑学家梁思成先生曾经说过：“故宫古建筑屋顶小兽的存在，使得屋顶成为整个建筑物美丽的冠冕。”故宫古建筑屋顶整体较高，有利于阳光照射到屋檐下的室内空间。而屋檐在中间平直，向两端则逐渐起翘，向天空延伸，犹如反宇之势，形成与天宇的融合之美。紫禁城古建筑屋顶以黄色的琉璃瓦为主，在阳光下金光闪耀，使得整个紫禁城表现出极其华丽而又庄严之美，这种美与紫禁城宫殿的功能形成一种和谐。

第二节　斗拱

斗拱是位于古建筑柱顶之上、梁架以下的部分。斗拱由斗、拱、翘、升等很多小尺寸构件由下至上层层叠加而成，见图9-6。紫禁城古建筑的斗拱一般按位置来分类，比如位于两根柱子之间的斗拱，称为平身科斗拱；位于非转角部位，且在柱顶之上的斗拱，称为柱头科斗拱；位于转角部位，且在柱顶之上的斗拱，称为角科斗拱。斗拱一般由中心向外出挑，称为"出踩"，出挑一次称为"三踩"，出挑二次称为"五踩"，出挑三次称为"七踩"，依次类推，故宫古建筑的斗拱最多出挑至九踩。

图9-6　太和殿一层鎏金斗拱模型
（图片来源：作者拍摄；时间：2011年）

那么，斗拱的和谐之美表现在哪里呢？

（一）造型之美。斗拱的造型之美表现在三个方面，其一是斗拱整齐有序之美。斗拱在屋檐之下，整体排列有序，并表现为富有节奏和韵律的变化，表现为不同类型的斗拱在同一高度范围排列规则有序，由下至上尺寸统一逐渐增大，各斗拱出踩尺寸相同，斗拱外形的曲线整齐划一、弧度优美，给人以极强的艺术感和节奏感。其二是斗拱均匀对称之美。斗拱的均匀是指斗拱的各个构件高度、宽度基本相同，仅在长度及外形上根据整体需要而有不同差别。斗拱的对称表现在两个方面：一方面斗拱的正立面，其左右两侧的构件种类和数量对称布置；另一方面，斗拱侧立面，以垫拱板为中心，斗拱向内外出挑的踩数相同。斗拱的均匀、对称给人以舒适、愉悦的感觉，并表现出富有中国古建筑特色的艺术之美。其三是斗拱统一协调之美。故宫古建筑的斗拱的统一性，表现为各构件截面形状统一，均为方形或者矩形；侧立面外形统一，均犹如倒立的三角形；斗拱位置统一，均位于柱顶之上、屋檐之下。这种统一性在视觉上给人以抽象的整体之美。斗拱的协调性表现为斗拱整体与上部倾斜的屋檐、下部垂直的柱子形成完美过渡，既能反映屋架简洁明确的特征，又可体现斗拱自身优美的造型。

（二）结构之美。斗拱的结构之美表现在两个方面：一方面是结构自身的对称与平衡，即结构的各个构件按照一定规律层层叠加、搭接而成，由下至上斗拱尺寸逐渐变大，但结构本身平衡而又对称，显示出稳固之美。另一方面是不仅能够稳定地承担屋顶传来的重量，而且在发生地震、风灾等自然灾害时，斗拱构件之间的摩擦运动可以抵消部分外部作用，减小甚至避免建筑整体的破坏，体现韧性之美。

（三）色彩之美。斗拱的色彩以青、绿色等冷色调为主。其主要原因在于，斗拱位于屋檐之下的阴影区，采用冷色调可衬托出斗拱的阴柔之美。此外，故宫古建筑整体以红、黄等暖色调为主，如红色的柱子、门窗，黄色的屋顶。在柱顶与屋顶的暖色调之间采用冷色调的青绿色，有利于色彩的过渡和协调，丰富故宫古建筑的整体视觉效果。

（四）工艺之美。斗拱制作以斗口为模数，各斗拱构件均以此模数为标准，来确定构件主要尺寸。斗拱制作工艺精湛，其外轮廓线及其内部主要分割线的控制点，具有严格的几何控制关系，使得斗拱整体表现出统一、完美的效果。此外，斗拱上下层构件连接紧密，构件间通过暗销连接，稍有偏差，便无法组装，这从侧面反映了斗拱制作的工艺精湛之处。

第三节　榫卯

榫卯连接是我国古建大木构件之间的典型连接形式。即对于两个连接的构件而言，其中一个构件端部做成榫头形式，另一个则做成卯口形式，两个构件搭扣后即形成榫卯节点，见图9-7。榫卯节点常用于固定垂直构件、水平构件与垂直构件相交、水平构件相交、构件重叠、板缝拼接等不同形式的构件连接。根据文献[①]提供的资料，我国古建筑榫卯节点类型至少有21种。榫卯连接形式使得紫禁城古建筑具有良好的抗震性能，即在地震作用下，榫头与卯口之间互相摩擦、挤压、旋转，并耗散部分地震能量，同时榫头与卯口之间的轻微拔插使得自身不会受到地震破坏。不仅如此，榫卯连接还具有艺术之美，主要表现在以下三个方面[②]。

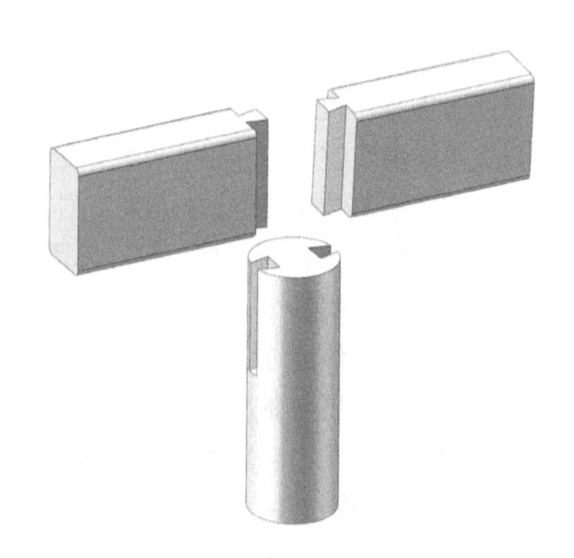

图9-7　榫卯节点之燕尾榫构造（梁端为榫头，柱顶为卯口）
（图片来源：作者绘制）

① 马炳坚：《中国古建筑木作营造技术》，科学出版社1995年版。
② 李晴：《浅析榫卯之美》，《美术教育研究》，2015年第1期，第66—67页。

（一）技艺之美。紫禁城古建筑中使用的榫卯结构形态各异，根据不同结构对受力部位及荷载能力的不同要求，榫卯制造技艺有着很大差别。如避免垂直方向的柱子产生位移的管脚榫、套顶榫等；将垂直的柱与水平的梁连接的直榫、燕尾榫等；将水平构件间彼此连接的十字卡腰榫、大进小出榫等。紫禁城古建筑的榫卯不仅能保持木结构的美感，更重要的是其具有良好的力学性能，保证了建筑整体的功能完整性，体现了营造技艺之美。

（二）东方文化之美。榫卯代表的是一种文化，更是一种精神。古代匠人利用这一独特的技艺创造了众多令人叹为观止的成就，一凹一凸间散发的是智慧之光与理性之光。随着科技的发展，新型材料不断产生并被广泛应用于家具和建筑，但木材在其中扮演的角色始终不可取代。作为榫卯技艺的载体，木材也为榫卯的不断延续与发展提供了可能，因此，榫卯在未来社会同样不会被淘汰。榫卯结构成就了古建筑之老，也成就了古建筑之美，其将文人独特的审美与匠人高超的技艺相融合，不代表岁月悠久，而是在中国美学思想中代表了一种崇高的境界。复杂的结构被简约的外形包裹，中国的古建筑通过榫卯的连接，透出一种淳朴和平淡，可谓衰朽中见灿烂，平定中显真知。榫卯穿插的复杂构造还体现了独特的东方造物理念。榫卯技艺是我国传统造物特有的一项技术，却巧合般地与西方结构主义的创作理念相吻合，且以物化的形式完美地实现了这套理论。数千年来，榫卯具有美学的意义，其更注重的是一种技术形式。作为木构件间独特的连接件，榫卯或蛰伏于屋檐之下，或隐匿于梁枋之中，长久以来体现着非凡的使用价值和艺术价值。

（三）“和谐”之美。“和”代表着化异为同，化矛盾为统一。榫与卯无论是材质上的统一还是结构上的契合，都与“和”的理念相符。用另一视角分析，分开的榫和卯像极了中国古代自然观中的阴与阳，两者既对立又统一，阴阳理念也恰恰是中国所有艺术创作理论的基石。20世纪80年代末期，著名雕塑家傅中望先生受到一名学者的启发，以中国古建筑的结构为灵感，提炼出了“榫卯”系列作品。“榫卯”系列作品介于雕塑与装置艺术之间，完成了传统雕塑到现代艺术的转型，为构建当代艺术的中国特色思想体系开了先河。傅中望曾在接受采访时道破了自己选择榫卯作为符号诠释的原因：“榫卯是节点的艺术，有节点就必然产生关系，如自然关系、社会关系、国家关系等，都在一种矛盾、对立、无序、游离、不确定的状态中生存。”上述对立统一，实际是一种和谐的存在。因此，榫卯的结合与分离、揳入与穿插，在古建筑艺术中被赋予了更深层次的意义。这些意义不仅存在于艺术观赏的层面，还存在于哲学与社会的层面，带有中国文化独有的“和谐”内涵。

第四节　装修

紫禁城古建筑的门窗可统称为装修。古建筑的窗有多种分类，如按位置不同可分为槛窗、横陂窗、象眼窗、风窗等。槛窗即位于槛墙上的窗，也就是位于建筑前后檐墙体上的窗。位于隔扇或槛窗之上的窗为横陂窗，这种窗不能开启，主要起采光作用。象眼窗用于山墙。风窗是位于窗户外面的窗，主要起防风保护作用，其特点是窗棂稀疏。按样式的不同，紫禁城古建筑的窗还可分为菱花窗、支摘窗、什锦透窗、直棂窗等种类。菱花窗的心做成菱花形式，可包括三交六椀（图9-8）及双交四椀两种。支摘窗分为内外两层，外层可分为上下两段，上段可向上支开，下段可以摘下，窗格雕刻有不同图案。什锦透窗形状不规则，可以做成各种什锦花样，多用于紫禁城内的花园。直棂窗窗格以竖向直棂为主，上下两头穿以横向木条，多用于次要建筑或附属建筑。

图 9-8　中和殿三交六椀菱花纹槛窗
（图片来源：作者拍摄；时间：2017 年）

故宫古建筑的门按形式不同，可分为实榻大门、棋盘门、隔扇门、屏门等。实榻门就是用实心厚木板拼装起来的大门，其外部可设有门钉，且防卫性较强，一般用于城楼的大门，如午门；或重要宫殿前的门庑，如太和门。棋盘门的四边用较厚的边抹攒起外框，门心装薄板穿带，一般用于故宫内院墙小门。隔扇门是故宫内古建筑的门的主要形式，主要指安装在柱子之间的，起分隔室内外空间的装饰性门，由外框、隔扇心、裙板和绦环板组成，见图9-9。屏门是一种用较薄木板拼装起来的镜面实心板门，其主要功能是遮挡视线，分隔空间，多用于垂花门的后檐或院子内隔墙的随墙门上。

图 9-9　咸福宫东配殿隔扇
（图片来源：作者拍摄；时间：2018 年）

紫禁城古建筑的装修处处体现着人、建筑、自然的和谐之美，主要表现为：

（一）寓意之美。门窗上不同图案，有着不同含意。紫禁城古建筑门窗中蕴含着丰富的符号文化，有着独特的寓意内容，是文化内涵的信息载体，体现了人们对真善美的一种情感追求。在窗的装饰中，人们采用谐音、象形、借代、比喻等方法，在槅心内容和裙板装饰上设计出多样的符号、图形等内容。在窗的槅心图案中，三交六椀槅心通过棂条的互相搭接，寓意着天地相交、万物生机勃勃、国家富强、百姓安康的大好盛景；步步锦图案一层一层地向内部回收，寓意着步步高升的美好愿景；灯笼锦图案寓意着团圆、美好，象征着国家会强盛、康泰；冰裂纹图案寓意着寒冷的冬天已经过去，即将迎来大地回春的景象，一些美好的愿望即将实现。在门的裙板和绦环板上，“双龙戏珠”、“龙凤呈祥”、“双凤飞舞”以及“夔龙纹、夔龙团”等图案，采用龙凤的形象寓意神灵对帝后的庇佑；卷草纹饰寓意着祥和之气、生机勃勃；“如意头”云盘线代表着吉祥如意。步步锦卡子花虽体量小，但是各式造型也都涵盖着深刻的寓意。桃子寓意长寿；“蝙蝠”的“蝠”是“福”的谐音，代表着福气；“蝙蝠衔寿”“蝙蝠团寿纹”代表着福寿双全；“卍”寓意着吉祥、福寿等[①]。

（二）装饰之美。紫禁城古建筑门窗为装饰构件，其装饰内容丰富，形式亦多样。如在门窗上安装金属包叶，见图9-10。包叶既可以起装饰作用，还可以保护木构件使之不松散。又如隔扇裙板可做成多种形式，如对于重要宫殿建筑，其隔扇裙板一般做成龙凤纹雕刻形式；对于普通隔扇，其裙板可做成如意头或夔龙纹形式。再如部分室内隔扇（窗），其采用了吉祥动物、花卉或生活图案，既能满足分隔空间要求，又能增添情趣，从而体现装饰之美。

图9-10　太和殿隔扇上的鎏金包叶
（图片来源：作者拍摄；时间：2016年）

（三）艺术之美。紫禁城古建筑门窗是建筑的重要组成部分，其不仅满足分隔空间、采光通风要求，而且满足使用者的视觉效果。从艺术角度而言，故宫古建筑的门窗位置具有均衡性、对称性，其尺寸

① 王琪：《北京故宫窗的视觉形态与美学特征研究》，北京建筑大学硕士学位论文，2017年，第45—46页。

大小及位置分布合理，符合建筑整体的整体美学要求。当建筑门窗闭合时，其巧妙地分隔空间，给人以神秘及含蓄之美感；而当它们开启时，则与内外空间融为一体，这样一来，给人以统一、协调之美感。

紫禁城古建筑门窗还体现古代伦理秩序的“理性”[①]。中轴线上三大殿处于紫禁城整个建筑群的正中，其门窗的类型为三交六椀菱花纹，裙板、绦环板图案为鎏金样式雕刻的双龙戏珠纹，门窗的尺寸和建筑的体量相应，为紫禁城内体量最大、建筑等级最高的门窗样式。其余建筑门窗样式等级为低于三大殿的双交四椀菱花纹、正方格、斜方格、码三箭等，且建筑体量亦小于三大殿，突出了三大殿在紫禁城建筑中的核心地位。以紫禁城内的每一座院落而言，正殿、配殿以及耳房、值房的门窗表现上也具有明显的秩序。正殿门窗的槅心样式精巧，裙板绦环板的图案装饰气派，金属构件亮丽，边挺及抹头上的线脚讲究。东西两侧配殿窗的样式相对简单，槅心空隙较大，裙板、绦环板、金属构件等装饰相对单调。值房门窗的样式最为简单。这样便形成了以正殿为中心的“聚”和配殿、值房的“散”，体现了院落中有秩序的理性美。这种理性之美，亦为中国传统文化中和谐思想的体现。

---

① 王琪：《北京故宫窗的视觉形态与美学特征研究》，北京建筑大学硕士学位论文，2017年，第42—43页。

第五节　柱

柱子作为古建筑大木结构的重要承重构件之一，主要用来垂直承受上部传来的作用力。图9-11所示的太和殿横剖面图可说明紫禁城古建筑各类柱子的名称。一般而言，这些柱子的直径约为柱高的1/10，截面尺寸可满足受力要求。

（一）檐柱：也称廊柱，即古建筑最外一圈的柱子。

（二）金柱：也称老檐柱，在檐柱以内的柱子。进深（宽度方向）较大的古建筑，又有外金柱和里金柱之分。距离檐柱较近的都称作外金柱，较远的都称作里金柱。

（三）角柱：位于古建筑角部、与柱成正交的方向的柱子。严格地说，角柱也属于檐柱。

檐柱的直径和高度都要小于金柱。这是因为，檐柱只支撑廊子部位屋顶的重量，而屋面其他大部分重量由金柱支撑。另外，金柱位于大殿内，其较大的尺寸可凸显出建筑的宏伟。

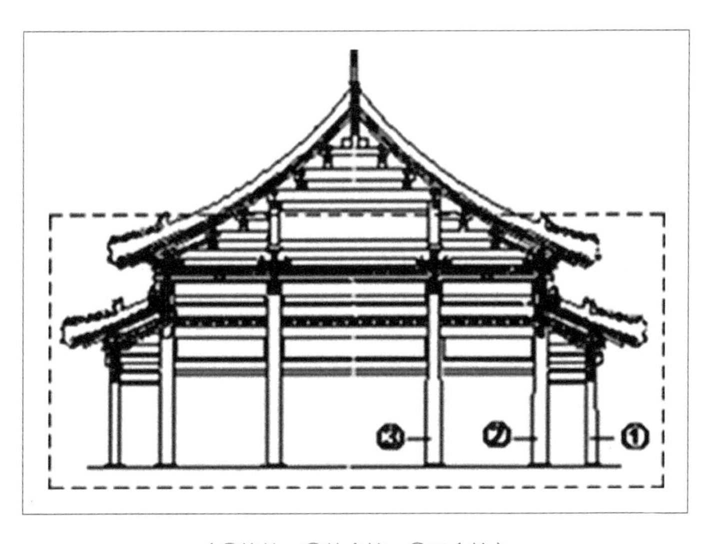

（①檐柱　②外金柱　③里金柱）

图9-11　太和殿横剖面图（虚线部分为柱架）

（图片来源：作者绘制）

紫禁城古建筑木柱体现了建筑与自然的和谐之美，具体表现在两个方面：

（一）稳固之美①。紫禁城古建筑中一般采用木柱，在靠近地面一端采用石头制作的基座（称为柱顶石），基座横断面积较大，在外观上给人以沉稳的感觉，显然它在力学上起到了减小压力的作用。值得注意的是柱身，柱高与柱横断面的比例，在唐宋时期一般是9∶1或8∶1；明清时期一般为10∶1。这样的长细比，给人的感觉十分雄浑，尤其是在宫殿建筑上可以充分表达出建筑的庄严、威武的个性。从建筑力学的观点看来，这样一个长细比，对于木质压杆几乎可以不考虑"失稳"因素，从而达到较合理地利用材料特性的目的。值得注意的是，古时候人们并无法事先根据稳定理论来校核木柱，人们完全是根据材料的实际状态和审美需求来建造房屋的，他们通过大量的实践和天赋，达到了力学和美学的统一。另古建筑柱身的外轮廓线是一条曲线，这叫"卷杀"。在我国木结构建筑法规《营造法式》中对卷杀的做法有明确的加工规定，卷杀的加工造成了柱两端比中间稍细的效果，使柱显得更加美观。显然这与两端支座为铰链的压杆的力学特性又是一种巧妙的结合。此外，古建木柱还有侧脚做法，即周圈檐柱柱头微向建筑内侧倾斜，使建筑产生沉稳的美。从整个建筑物的几何稳定性分析，这种侧脚的力学作用也十分明显，垂直于地面的柱相互之间是平行关系，在水平额枋连接后组成的是一个几何可变体系（属于平行连杆瞬间失稳结构）。但是由于柱的侧脚作用，使得各柱之间不再互相平等而形成虚铰（即虚交点，属于三角形稳定结构），从而有利于整个建筑物的几何稳定。

（二）以柔克刚之美。紫禁城古建筑的柱底并非插入柱顶石里面，而是浮放在柱顶石上面。柱顶石照片见图9-12。这种连接方式是有科学依据的，也是古代工匠智慧的结晶，其主要作用是隔离地震。我

① 慎铁刚：《中国古建筑的力与美探析》，《力学与实践》，1996年第3期，第72—76页。

们知道，地震力作用力是很大的。若柱根插入柱顶石内，则很容易因地震作用而发生折断；且柱根插入柱顶石内，很容易因为空气不流通而产生糟朽。柱根平摆浮放在柱顶石上，不仅可避免糟朽问题，而且在发生地震时，其反复在柱顶石表面滑动，不仅隔离了地震，而且地震结束后，可基本恢复到初始状态，而不产生任何破坏，具有“四两拨千斤”的效果。

图 9-12　柱顶石照片
（图片来源：作者拍摄；时间：2016 年）

综上所述，作为北京古都建筑的典型代表，紫禁城古建筑类型全面、构造合理，表现形式丰富多样。这些古建筑的构造具有和谐之美，可表现为屋顶、斗拱、榫卯、装修的布局、样式、功能等多方面适合于建筑整体的美观、牢固，适合于人的居住和使用需求，这也是建筑本身与自然、人类和谐一体的思想体现。

第十章

古建筑瑞兽文化与和谐艺术

“瑞”的本意为古代作为凭信的玉器，如《说文》有：“瑞，以玉为信也。”当其用于形容词时，则寓意吉祥、吉利，如《荀子·天论》有：“日月星辰瑞历，是禹桀之所同也。”“瑞兽”之意简言之，就是象征吉祥之兽。我国传统的瑞兽形象（图腾）蕴含的文化思想来自古人的吉祥观念，是对未来生活的美好愿望。在新石器时期，古人对自然现象、自然景观所代表的自然之力的崇拜，经过长期的演化，形成了具有象征意义的部落图腾（或造型）。这些部落图腾一方面向文字化方向发展，逐渐形成甲骨文一类的文字，承载部落的历史与文化；一类向图案方向发展，逐渐由写实形态向抽象形态变化，最终形成有代表性意义的纹路组合，即图纹。部落的图纹承载着部落的人文精神，具有强烈的宗教色彩。这些宗教色彩经过长期的演变与图纹（造型）相合一，即图纹代表精神，精神体现在图纹中。我国的兽类图纹在新石器时期，以兽类为主，在商至春秋战国时期形成了以精神意义为主的龙纹、凤纹等，在秦汉时期形成四方之灵图纹，在宋元时期以吉祥为寓意的祥禽瑞兽开始逐渐发展，并在明清时期达到顶峰[①]。

北京古都的宫殿、园林乃至民居建筑中都有瑞兽形象。如北海公园北岸、五龙亭的东北，有一座铁影壁（材料实际上是矿石），雕刻十分精美，一面刻着麒麟栖居在山林中的图案，另一面刻着狮子滚绣球的图案，壁座四周刻有奔马图案和花边，雕刻粗犷、生动。又如圆明园古迹

① 徐燕：《传统吉祥观在现代文创产品设计中的应用研究》，《湖南科技大学学报（社会科学版）》，2017年第6期，第125—130页。

海晏堂前的十二兽首像，由驻华耶稣会教士郎世宁设计。他以兽头人身的十二生肖代表一天的十二时辰，每座铜像轮流喷水，蔚为奇观。1860年，十二生肖兽首被英法联军掠夺后流落四方，目前部分兽首铜像已回归中国。再如颐和园廓如亭北面的堤岸上塑有铜牛，当年乾隆皇帝将其点缀于此是希望它能“永镇悠水”，长久地降服洪水，给园林及附近百姓带来无尽的祥福。为了阐述建造铜牛的意义，乾隆皇帝特意撰写了一首四言的铭文，用篆字书体镌刻在铜牛的腹背上。而北京四合院民居的大门前一般都有一对门墩（抱鼓石），其上多刻有麒麟卧松、犀牛望月、蝶入兰山、五世同居（五个狮子）等图案，体现了百姓祈福辟邪的思想。

紫禁城古建筑群中，以“瑞兽”为主题内容的吉祥陈设或装饰纹样在建筑构件上随处可见，以各种彩绘斗拱、檩枋、石刻门鼓、室内外陈设、屋脊装饰，以及门窗、牌匾、石雕、砖雕、木雕等为装饰形象。其表现形式非常丰富，或为象形，即以感性事物本身所显现出来的形态、色彩或生态习性，联想到某种与之相似或相近的抽象含义；或为谐音，即以汉语文字的音、形、义结合的特点为根据，以形声或象声、形声或谐声等手法而构成象征性图形；或为寓意，即人们在观察、思考中，由事象深入事理的结果，它所表征的除了事象的外部特征，还包括诸如民间神话、故事、传说、典故等在内的事象内部的事理；

或为上述形式的复合。[1]在这里传统的祥瑞思想转变为吉祥如意、福寿富贵等世俗化的吉祥观念，达到了“物必有意，意必吉祥”的程度。龙的形象是中华民族最有代表性的祥瑞符号，在我国古人居住的建筑场所，用龙纹装饰的地方有很多，传说中龙是万兽之首、万能之神，是一种善变化、利万物、利富贵、利子孙繁衍的神异动物。凤作为建筑吉祥装饰纹样的母题被广泛地使用，被人们看作仁义道德和天下安宁的象征，是吉祥、幸福、美丽的化身。狮子是勇敢、驱邪的神兽。麒麟则是吉祥神宠，主太平、长寿。这些瑞兽形象应用于紫禁城古建筑中，体现了我国传统的人文思想和文化准则，其特色之一，就是和谐思想，即帝王对国泰民安、风调雨顺的期盼，是一种人与自然、人与社会、人与动物之间和谐融处的一种思想表达。本章以紫禁城中龙、凤、狮子、麒麟四种瑞兽形象为例，来解读北京古都建筑中的瑞兽文化及其中蕴含的和谐思想。

---

① 颜文明：《传统瑞兽图形基础上的现代视觉设计再现》，《美与时代（上）》，2015年第4期，第73—75页。

第一节　龙生九子

龙是原始人崇敬的一种神物，它代表了人类所崇敬的神人或者原始人不认识也不能驾驭的某种超自然力量的化身。龙的形象是古代中国人综合了走兽、飞禽、水中动物和爬行动物的优长而形成的。作为明清时期二十几位帝王执政和生活的场所，紫禁城的建筑里处处都有龙的形象。屋顶上的琉璃瓦、大殿内的天花和藻井、门窗的包叶、殿外的御道、台基的栏杆、影壁等构件，都有着形态各异、大小不同的龙的形象；建筑的内外檐彩画有升龙、降龙、坐龙、行龙等不同龙纹图案；皇帝宝座、屏风、香炉等各种陈设上亦有多种式样的龙纹。据统计，仅太和殿就有各种龙纹1万多处，反映了帝王对龙的崇拜。而这种崇拜的升华，就是对龙的形象的进一步丰富化，比如“龙生九子”。

“龙有九子”的说法古已有之，具体出现的年代无从考证，但真正将“龙生九子”当作一个理论提出并论证其具体所指则是到了明代中后期。据记载，明孝宗不知道想起了什么，突然想知道“龙生九子”中的“九子”到底是哪些动物，于是便派人去问内阁大学士李东阳：“朕闻龙生九子，九子各是何等名目？”李东阳接到皇帝的“御书小帖”，仿佛记得少年时曾在“杂书”中见过，但仓促之间又答不上来。皇帝的垂询不能拖延太久，李东阳无奈，只得凑合“据以复命”。其文集《怀麓堂集·记龙生九子》记载了龙生九子的内容：“龙生九子不成龙，各有所好。囚牛，龙种，平生好音乐，今胡琴头上刻兽是其遗像。睚眦，平生好杀，今刀柄上龙吞口是其遗像。嘲风，平生好险，今殿角走兽是其遗像。蒲牢，平生好鸣，今钟上兽纽是其遗像。狻猊，平生好坐，今佛座狮子是其遗像。霸下，平生好负重，今碑座兽足是其遗像。狴犴，平生好讼，今狱门上狮子头是其遗像。赑屃，平生好文，今碑两旁龙是其遗像。蚩（螭）吻，平生好吞，今殿脊兽头是其遗像。”

紫禁城的古建筑及其中的陈设，几乎包含着以上全部“九子”形象，具体说明如下。

老大：囚牛，平生爱好音乐。传说囚牛是众多龙子中性情最温顺的，它不嗜杀不逞狠，专好音律。它龙头蛇身，耳音奇好，能辨万物声音，常常蹲在琴头上欣赏弹拨弦拉的音乐，因此琴头上便刻上它的雕像。紫禁城太和殿前的镈钟，为中和韶乐乐器之一，通常在重大典礼之日摆放、演奏。该镈钟形制如编钟，只是口缘平，器型巨大，有纽，可特悬（单独悬挂）在钟悬上，而钟悬两端的龙头纹，则可认为是囚牛，见图10-1。

图 10-1 镈钟上的囚牛纹
（图片来源：作者拍摄；时间：2018 年）

老二：睚眦，平生好斗喜杀，刀环、刀柄、龙吞口的龙纹，便是睚眦的像。根据古代史书记载其性格刚烈、好勇擅斗、嗜血嗜杀，而且总是嘴衔宝剑，怒目而视，刻镂于刀环、剑柄吞口，以增加自身的强大威力。睚眦的本意是怒目而视，所谓“一饭之德必偿，睚眦之怨必报”，报则不免腥杀，睚眦变成了克杀一切邪恶的化身。紫禁城古建筑及陈设中，睚眦形象龙纹罕见。

老三：嘲风，喜欢蹲在险要的位置，一般为屋角部位，且常常向远处张望。紫禁城宫殿建筑的角部都有形状各异的小兽，且排在仙人指路后的第一个小兽，其形象即为嘲风。在中国民俗中，嘲风象征吉祥、美观和威严，而且还具有威慑妖魔、清除灾祸、辟邪安宅的作用。紫禁城宫殿建筑的屋角安置嘲风，也会使整个宫殿的造型既规格严整又富于变化，达到庄重与生动的和谐，宏伟与精巧的统一，它使高耸的殿堂平添一层神秘气氛，能起到祛邪、避灾的作用。

老四：蒲牢，是形似盘曲的龙，受击就大声吼叫，充作洪钟提梁的兽纽，助其鸣声远扬，因而人们制造大钟时，把蒲牢铸为钟纽。三国时期的薛综在《西京赋·注》中有关于蒲牢的记载："海中有大鱼曰鲸，海边又有兽名蒲牢，蒲牢素畏鲸，鲸鱼击蒲牢，辄大鸣。凡钟欲令声大者，故作蒲牢于上，所以撞之为鲸鱼。"蒲牢居住在海边，虽为龙子，却一向害怕庞然大物的鲸。当鲸一发起攻击，它就吓得大声吼叫。人们根据其"性好鸣"的特点，"凡钟欲令声大音"，即把蒲牢铸为钟纽，而把敲钟的木杵做成鲸的形状。敲钟时，让鲸一下又一下撞击蒲牢，使之"响入云霄"且"专声独远"。图10-2为紫禁城神武门城楼内的大钟，其纽纹即为蒲牢。

图10-2　神武门大钟上的蒲牢纹
（图片来源：作者拍摄；时间：2017年）

老五：狻猊，形状像狮子，喜欢静坐，也喜欢烟火。"狻猊"一词，最早出现在西周历史典籍《穆天子传》中，里面记载："名兽使足走千里，狻猊、野马走五百里。"晋郭璞注曰："狻猊，狮子。亦食虎豹。"因而狻猊是与狮子同类能食虎豹的猛兽，亦是威武百兽率从之意。狻猊常出现在建筑屋顶，佛教佛像，瓷器香炉上。紫禁城古建筑屋顶的小兽中，排名第六的即为狻猊（故宫古建屋顶都有小兽排列，一般为单数，不包括仙人指路；小兽数目越多，则建筑等级越高），见图10-3。

图10-3　嘲风和狻猊的位置（以太和殿小兽为例）
（图片来源：作者拍摄；时间：2014年）

老六：负屃，身似龙，雅好斯文，盘绕在石碑头顶，紫禁城古建筑中少见。另李东阳的学生杨慎则认为"龙生九子"的老六为蚣蝮。

图10-4　太和殿前三台上的蚣蝮
（图片来源：作者拍摄；时间：2014 年）

蚣蝮好水，又名避水兽，头部有点像龙，不过比龙头扁平些。其嘴大，肚子里能盛非常多的水，所以多用于作为建筑物的排水口。也有传说它能吞江吐雨，负责排去雨水。紫禁城前朝三大殿外的1142个排水兽形象可认为是蚣蝮，见图10-4。

老七：霸下，又名赑屃，形状像一只乌龟，喜欢负重，力大无穷。霸下的形象其原形可能为斑鳖，霸下和龟十分相似，但细看却有差异，霸下有一排牙齿，而龟类却没有，霸下和龟类在背甲上甲片的数目和形状也有差异。《坚瓠集》云：“一曰赑屃。形似龟。好负重。今石碑下龟趺是也。”它总是奋力地向前昂着头，四只脚顽强地撑着，努力地向前走，并且总是不停步。在上古时代的中国传说中，霸下常背起三山五岳来兴风作浪。后被夏禹收服，为夏禹立下不少汗马功劳。治水成功后，夏禹就把它的功绩，让它自己背起，故中国的石碑多是由它背起的。霸下是长寿和吉祥的象征。紫禁城太和殿前的龟形神兽，即为霸下（尽管未驮碑），见图10-5。其外形为龙头，龟身，脖子微弯，身姿威武，寓意帝王江山永固常青。

图10-5　太和殿前的霸下
（图片来源：作者拍摄；时间：2017 年）

老八：狴犴，又名宪章，形状像虎，讲义气，能明辨是非，仗义执言，因此，古人将其装饰在门上，让它虎视眈眈地对来者查看。但这种形象似乎与“椒图”更接近。“椒图”为杨慎定义的“龙生九子”之一，性好闭，最反感别人进入它的巢穴，铺首衔环为其形象。

人们将它用在门上，除取“紧闭”之意，以求平安外，还因其面目狰狞而负责看守门户，镇守邪妖；另外还有一个原因，即椒图“性好僻静”，忠于职守。紫禁城诸多大门的门环，其图纹即为“椒图”，见图10-6。

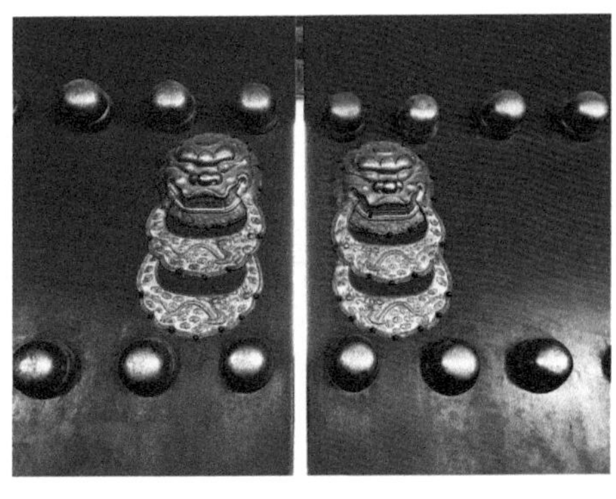

图10-6　太和门上的椒图纹
（图片来源：作者拍摄；时间：2016年）

老九：螭吻，由鸱尾、鸱吻演变而来，“鸱”在古代指一种凶猛的大鸟。唐朝以前的鸱尾加上龙头和龙尾后逐渐演变为明朝以后的螭吻。相传螭吻比较喜欢吞火，喜欢东张西望，因而经常被安排在建筑的屋脊上，做张口吞脊状，并有一剑以固定之。紫禁城大多数宫殿的屋顶正脊，两端的纹饰即为螭吻，见图10-7和图10-8。螭吻背上插剑有两个目的。一个是防螭吻逃跑，取其永远喷水镇火的意思；另一传说是那些妖魔鬼怪最怕这把扇形剑，这里取辟邪的用意。

图10-7　螭吻
（图片来源：作者拍摄；时间：2004年）

图10-8　太和殿螭吻的位置
（图片来源：作者拍摄；时间：2011年）

从建筑学角度而言，“龙生九子”体系的发展反映了我国古代匠人非凡的聪明才智以及源源不断的创新精神。尽管龙的形象为古代帝王独有，但大量的建筑物和陈设需要龙表现出更为丰富的形象。于是，古代工匠根据各种传说和典故，将不同的动物形象加以“龙化”，经过巧妙的融合和发展，创造出了一系列的“龙子龙孙”，使龙图腾从单一走向多样，既丰富了宫殿建筑造型，同时又为我国传统的建筑文化增添了浓厚的一笔。

第二节　凤

凤是由古代鸟图腾崇拜演变而来，早在远古神话中就被理解成为一种美丽而神奇，并具有通天地懂人神之能的神鸟。尽管事实上它是不存在的虚拟生物，却一直是我国古代先民崇拜的对象。自汉以来，凤的形象已是集中了许多动物特征的理想形象。成书于西汉初年的《韩诗外传》卷八第八章，通过天老的介绍，把凤的形象说成是："鸿前而麟后，蛇颈而鱼尾，龙文而龟身，燕颔而鸡喙。"《尔雅》对其进一步描述为："鸡头，蛇颈，燕颔，龟背，鱼尾，五彩色，其高六尺许。"晋张华撰《禽经》的描述有："凤，鸿前，麟后，蛇首，鱼尾，龙文，龟背，燕颔，鸡喙，骈翼……"由此可知，凤的形貌是综合了许多动物的器官，并经过创造性的艺术加工而形成的，且不同历史时代，凤的造型并不相同。紫禁城内凤的造型特点普遍是：锦鸡首，鹦鹉嘴，孔雀脖，鸳鸯身，大鹏翅，仙鹤足，孔雀毛，如意冠，见图10-9。在古人看来，凤的每一个形貌特征都具有某种特殊的象征意义：如意冠表示称心如意，鹦鹉嘴表示动人的音乐，孔雀羽象征吉祥，仙鹤足代表长寿，鸳鸯身寓意为美满的爱情，大鹏翅则表示鹏程万里，等等。

图10-9　体和殿前铜凤像
（图片来源：作者拍摄；时间：2017年）

作为明清帝王执政及与后妃共同生活的场所，紫禁城古建筑中的凤纹（像）较为常见，且使用于建筑的多个部位，举例如下：

（一）台基：如丹陛石、栏板、望柱头上的凤纹。需要说明的是，丹陛石是宫殿门前台阶中间镶嵌的长方形大石头，一般是一整块石头，亦可由几段块组成，是皇家帝王身份的象征。皇家建筑的丹陛石上凤纹一般与龙纹组合，且龙纹在中心，凤纹在四周；或者龙纹在上，凤纹在下。这体现了皇家建筑中，龙图腾的地位要高于凤图腾。当然，慈禧陵前的龙凤纹丹陛石除外，其图案为“龙在下，凤在上”，可反映慈禧太后地位高于当时的（光绪）皇帝。不仅如此，慈禧陵前的69块汉白玉板处处雕成“凤引龙追”，74根望柱头打破历史上一龙一凤的格式，均为“一凤压两龙”，暗示她的两度垂帘听政。

紫禁城内丹陛石上的龙凤纹组合，其中龙纹数量一般为单数，而钦安殿除外，其上有六处龙纹，双数。其原因在于，这主要与天地五行相关。《周易·系辞》认为，在天地生成的十个自然数中，奇数一、三、五、七、九为天数，偶数二、四、六、八、十为地数。又以一、二、三、四、五为生数，五个生数各加五得六、七、八、九、十为成数。这样一来，天地与五行之间形成了生成关系，第一个就是：天一生水，地六成之。其主要含义，即水能克火。钦安殿建筑，即按照“天一生水，地六成之”的理念建造。其中，“天一”即钦安殿前的天一门，“地六”即指钦安殿前丹陛石上的六条龙。

（二）建筑本体：如隔扇心、大门包叶、外檐额枋、内檐额枋、顶棚等。需要说明的是，紫禁城古建筑立面的凤纹装饰，从南往北，自交泰殿起才出现。亦即交泰殿以南的建筑群，其装饰纹均为龙纹，交泰殿及以北（含东西六宫）建筑的纹饰，才含有凤纹（龙凤纹或凤纹）。分析认为，这与龙代表帝王、凤代表后妃的形象相关。紫禁城由南向北，可分为前朝和内廷两部分。前朝三大殿为帝王执政场所，内廷则为帝王生活区域。作为内廷的首个宫殿的乾清宫，是明代帝王的寝宫。也就是说，前朝三大殿与乾清宫均为帝王独有空间。而乾清宫以北的交泰殿则为明代帝王夫妇过夫妻生活的地方①，交泰殿以北为坤宁宫、东西六宫区域。亦即自交泰殿开始，后妃可使用的建筑才正式出现。

---

① 王子林：《正始之基，王化之道——交泰殿原状》，《紫禁城》，2007年第1期，第126—131页。

那么，紫禁城中为什么凤代表女性（后妃）呢？

其实在历史上凤与龙一样，曾常用来形容一些杰出的男性。如《论语·微子》中楚国的狂人接舆唱着歌从孔子的车旁经过，他唱道：“凤兮，凤兮，何德之衰？”在这里，他把孔子比成凤。东汉末年，襄阳一带的学士都盛称诸葛亮为“卧龙”，称庞统为“凤雏”。唐初马周曾以“鸾凤凌云”颂喻唐太宗。李白《古风五十九首》之四曰：“凤飞九千仞，五章备彩珍。”诗人自比于凤，抒发自己卓然不群、超然物外的胸怀。从宋代开始，皇帝、皇后在舆服上的龙凤分化已经逐渐明确起来，皇帝的车舆以龙饰为主，皇后的车舆以凤饰为主。皇帝玉辂上的一切装饰、雕饰、纹饰全是龙纹，后妃则全是凤纹。因而此时开始，凤象征女性，并在制度上固定下来了[①]。而建于明代的紫禁城，其中的凤纹装饰相应地代表女性。

（三）屋顶：如紫禁城屋顶上的小兽，排在龙后面的即为凤，见图10-10。

图10-10　屋顶上的凤造像（线框部分）
（图片来源：作者拍摄；时间：2018年）

凤的造像置于屋顶，可反映其为镇宅灵物。凤是神鸟，且是百鸟之王。《说文解字》有：“凤，神鸟也……出于东方君子之国……见则天下大安宁。”人们认为只要在瓦当上雕刻凤做能够避邪御凶的灵物，向它祈求吉祥幸福，这个灵物就成了保护神。因此自古就有以灵物镇守屋顶的习俗，屋脊上的凤，就是镇宅灵物之一。凤从属于龙，从凤的起源讲，《淮南子》有：“羽嘉生飞龙，飞龙生凤皇，凤皇生鸾鸟，鸾鸟生庶鸟，凡羽者生于庶鸟。”由此可知，凤凰是飞龙的后代，其作为镇宅灵兽，在屋顶的位置应该排在龙后面。

① 钟金贵：《中国崇凤习俗初探》，湘潭大学硕士学位论文，2005年。

（四）室外陈设：主要见于慈禧居住的储秀宫区域，包括翊坤宫和体和殿，均有凤造像。

为什么慈禧居住的储秀宫区域，室外陈设都有凤？慈禧入选进宫后，曾与咸丰在储秀宫生活，并生下同治。光绪十年（1884），已居长春宫的慈禧太后，为庆祝五十大寿，又搬回储秀宫，同时打破了乾隆帝定下的后世不得更移六宫陈设的祖制，耗费白银63万两重修宫室，打通储秀宫和翊坤宫，形成四进院格局。而院落内的铜凤，应该也是该时期铸造安放的。从当时地位来看，慈禧垂帘听政操控光绪，其地位和权力均高于光绪。凤代表阴，适用于女性；凤是百鸟之王，有"百鸟朝凤"之说，适合于慈禧的身份及地位；凤是人们心目中的瑞鸟、天下太平的象征，因而又有吉祥之意；凤还是爱情的象征，古有"凤凰于飞，和鸣锵锵"，意思是说凤凰雌雄俱飞，相和而鸣，锵锵然。由此不难分析出，储秀宫前的凤造像，寓意慈禧至高的地位，对天下太平祥和的祈盼，以及对与咸丰的爱情的怀念。

从上述分析可以看出，凤作为神灵、吉祥、女性、权力、爱情等多个象征意义的图腾，充溢着紫禁城古建筑的方方面面，成为反映封建帝制文化的重要组成部分。

第三节　太和门前铜狮

太和门在明代是“御门听政”的场所。所谓“御门听政”，即皇帝听部院各衙门官员面奏政事。皇帝在此接受臣下的朝拜和上奏，颁发诏令，处理政事。太和门前的一对铜狮是紫禁城内体量最大的，也是我国现存体量最大的一对铜狮。这对铜狮立在宏伟的太和门前，显得十分对称协调。铜狮非鎏金做法，且无款式，推测为明代铸造[①]。

与乾清门前的铜狮不同，太和门前铜狮的耳朵是竖起来的，似乎在警惕闯入宫的不速之客。这对大型铜狮的头和身体是圆形，底座是方形，寓意“天圆地方”。每只铜狮子的高度，都达到2.4米，蹲坐在高0.6米的铜座之上，通高达3米。其中，雄狮在东侧，头饰鬈鬃，颈悬响铃，两眼瞪视前方，气势雄伟，其右足踏绣球，象征皇家权力和一统天下，见图10-11；雌狮在西侧，头略朝下，其左足抚幼狮，象征子嗣昌盛，见图10-12。二铜狮头顶螺旋卷毛（疙瘩烫），张嘴露牙，似在咆哮；胸前绶带雕花精美，前挂銮铃肩挂缨穗，肢爪强劲有力，前肢后肘有三处卷毛，后背有锦带盘花结，整体显得异常英勇威猛。

图10-11　太和门前铜狮—东—公—正立面
（图片来源：作者拍摄；时间：2017年）

图10-12　太和门前铜狮—西—母—正立面
（图片来源：作者拍摄；时间：2017年）

① 杜廼松：《故宫的铜狮》，《故宫博物院院刊》，1980年第2期，第93页。

狮子，在动物学中属哺乳纲猫科。其体形矫健，头大脸阔，姿态甚是威猛。狮子的原产地不在我国，而是非洲和印度。汉武帝时，张骞出使西域，打通了我国与西域各国的交往，狮子才得以进入国内。最早出现狮子（师子）记载的文字是《汉书·西域传赞》："遭值文、景玄默，养民五世，天下殷富，财力有余，士马疆盛。……自是之后，明珠、文甲、通犀、翠羽之珍盈于后宫，蒲梢、龙文、鱼目、汗血之马充于黄门，巨象、师子、猛犬、大雀之群食于外囿。殊方异物，四面而至。"①随后，印度佛教的传入，使得狮子又成为一种被赋予了神力的灵兽。人们希望用狮子威猛的气势降魔驱邪，护法镇宅，这与佛教中以狮子为圣兽的宗旨是一致的。狮子在百兽中高贵、威严，具有王者之风，我国古代的权贵阶层正是很好地运用了狮子在人们心中的王者地位这一特征，因此，守门狮自然而然地成为权贵的象征②。狮子在古代为镇物，用来消除灾厄，趋吉避凶，转祸为福。如《益州名画录》记载："蒲延昌者，孟蜀广政中进画授翰林待诏，时福感寺礼塔院僧模写宋展子虔狮子于壁。延昌一见曰：但得其样，未得其笔耳。遂画狮子一图献于蜀王。昭远公有嬖妾患病，是日悬于卧内，其疾顿减。"③

太和门前的铜狮子，集权势、驱邪、祥瑞于一体。那么，铜狮为何爱"烫头"呢？

我们知道，作为舶来品的狮子，其全身应该是毛发柔顺的。而摆在官府门前的石狮（铜狮），其毛发马上就被烫成了鬈发，而且是非常时尚潮流的"疙瘩烫"。其实，这种"疙瘩"是一种等级的象征。官府前石狮的头上所刻之疙瘩，以其数之多寡，显示其主人地位之高低，以13个为最高，即一品官衙门前的石狮头上刻有13个疙瘩，称为"十三太保"；一品官以下，每低一级，递减1个疙瘩；二品12个疙瘩，三品11个疙瘩，四品10个疙瘩，五、六品都是9个疙瘩，七

① 班固：《汉书》，中州古籍出版社2004年版，第1122页。
② 林移刚：《汉族狮崇拜及其起源》，《华夏文化》，2008年第1期，第46—49。
③ ［宋］黄休复：《益州名画录》，四川人民出版社1982年版，第57页。

品以下的官员府邸门前就不许摆放守门的狮子了。

那么，紫禁城内铜狮子身上的“疙瘩烫”数目是多少呢？45个。皇帝具有“九五至尊”的地位，护卫皇权的铜狮身上疙瘩数量自然少不了。9、5相乘，即为45，因而太和门前铜狮身上的疙瘩数目为45个。

铜狮的底座为汉白玉须弥座，长约2.2米，宽约3.0米，高约1.4米。须弥座不仅体量庞大，而且在四个面上刻有行龙（上下枋位置）、八达马（梵文，意为“莲花瓣”，位于上下枭）、椀花绶带（束腰位置，寓意“江山万代，代代相传”）、三幅云（圭角位置）等精美图案。

太和门前铜狮的雕塑和铸造工艺极为精细，无论是铜狮的全身，还是铜座上的纹饰，都雕铸得非常精美，表面光洁无痕，应是采用古代失蜡法整体铸造而成。在明代《天工开物》中有失蜡法较为详细的记载。其工艺流程大致包括：制蜡模、制作外范、熔化铜液、铸后加工等几个过程。

第四节　慈宁门前麒麟

慈宁门位于紫禁城内廷外西路、今冰窖餐厅的西北角，其功能应该是慈宁宫的门廊。慈宁宫始建于明嘉靖十五年（1536），是嘉靖帝为其生母建造的养老场所。此后明清多位太后、太妃在此居住。现在的慈宁宫，已被改为故宫博物院的雕塑馆。

图 10-13　慈宁门前的麒麟正立面
（图片来源：作者拍摄；时间：2018 年）

我们到慈宁门时，很容易注意到门前的一对瑞兽——麒麟，见图10-13。这对鎏金麒麟长1.37米，高1.41米，鳞发上耸，两目前视，昂首挺胸，神形俱现。其外形特点为：龙头、鹿角、龙身、马蹄、龙鳞，尾毛似龙尾状舒展。

慈宁门这个麒麟造型，与《清宫兽谱》对麒麟的记载并不一致。《清宫兽谱》关于麒麟的外形特征描述为：“麒麟，仁兽。麇身，牛尾，马蹄，一角，角端有肉。”其实，作为我国古代传说中的一种神兽，麒麟在我国不同的历史时期，其形象是不一样的。我国历史上关于麒麟的记述，最早见于春秋时期《诗经·麟之趾》：“麟之趾，振振公子，吁嗟麟兮！麟之定，振振公姓，吁嗟麟兮！麟之角，振振公族，吁嗟麟兮！”这是公元前11世纪时的一首赞美周文王宗族子孙兴旺的诗歌，由此可见麟是有角、额、脚的瑞兽。春秋时期孔子所著《孝经·古契》，里面记载孔子在丰沛邦见到的麒麟：“如麇，羊头，头上有角，其末有肉。”东汉末年佛学家牟子认为麒麟“鹿蹄、马背”。东汉许慎在《说文》中认为：“麟，大牡鹿也”，“麒，麒麟，麇身，牛尾，一角”。唐代孔颖达《毛诗正义》注疏：“麟，麇身，马足，牛尾，黄色，圆蹄，一角，角端有肉，音中钟吕。”南朝何法盛《晋中兴征祥记》有："麒麟者，牡曰麒，牝曰麟。许云仁宠，用公羊说，以其不履生虫，不折生草也。"从众多的史料记载来看，早期麒麟有羊头、狗头、马头、鹿头之分，有狼蹄、鹿蹄、圆蹄之别。紫禁城是明清时期的皇宫，而与该时期相近的历史阶段，麒麟的形象大致如下：

（一）唐代麒麟的形象为牛马外形。如武则天为其母杨氏所建顺陵前的石麒麟，给人一种似牛的印象。其头顶有一弯曲独角，上面饰有繁复细致的花纹，身有双翼，翼面雕有美丽的卷云花纹，足似马蹄，尾下垂。麒麟形象虽然雄健浑厚，但神态平和，显得温驯而又善良。

（二）宋元时期，麟形逐渐被龙形代替，成为类龙型动物。其头部具有明显的龙头特征，头顶有两只肉角（或独角），身上开始出现鳞甲，有的全身披满鳞甲，并且身躯上出现了火焰纹饰。

（三）明代时期的麒麟与非洲长颈鹿密切相关。明成祖永乐十二年（1414）秋天，一个名叫榜葛剌的国家派遣使臣来华，跟随他一起到来的还有一只"麒麟"。当时礼部官员上表请贺，尽管永乐皇帝免去请贺，但依然请了翰林院修撰沈度写下了一篇《瑞应麒麟颂》，并且命令宫廷画师将麒麟图像画下，将《瑞应麒麟颂》抄写在图上，于是有了《瑞应麒麟图》，现收藏在台北故宫博物院。榜葛剌，即今日孟加拉国，是明代郑和每次远航下西洋必经之地。在历史上，榜葛剌国王分别于永乐十二年（1414）、正统三年（1438）两派使臣沿海路到中国贡献"麒麟"，这个"麒麟"原来竟然是长颈鹿。其原因很可能有两个：一是榜葛剌的使者发现中国人非常重视麒麟，便从非洲买来长颈鹿将它当作麒麟进贡给永乐皇帝；二是中国人在下西洋的时候发现长颈鹿长得很像传说中的麒麟，于是告诉了榜葛剌国王，国王才决定用长颈鹿作为贡品。

以慈宁门前麒麟而言，其建造铸造年代很可能为清代。不难发现，明代紫禁城对麒麟的外形印象，应该是今天的非洲长颈鹿，因为永乐帝已安排人绘制了"瑞应麒麟"，并留存宫中，此后历代皇帝应该有所知。若慈宁门前的麒麟为明代时期铸造的，则其外形应该接近鹿。颐和园仁寿殿前的麒麟，建造于清乾隆时期，其外形与慈宁门前麒麟高度相似，均为“龙头、鹿角、龙身、马蹄、龙尾”。回到《清宫兽谱》中提及的麒麟。其外形（尤其是独角）应该是唐以前的麒麟形象。东汉许慎《说文》里有：“麒，仁兽也，麋身，牛尾，一角；麐（麟），牝麒也。”除了上述特征外，早期麒麟身躯类狮虎，张口突齿，显得威武雄壮、霸气十足。

麒麟与龙的关系。龙凤研究专家王大有先生认为，麒麟是龙凤家族的扩大化，他在著述的《龙凤文化源流》中说：“麒麟虽以鹿为原型，然而实际上是一种变异的龙，只易爪为蹄而已。它为中央帝的象征，但因出现较晚，并不具统治地位，而中央帝的实际形象是蛇躯之龙。”古文中常把“中央黄帝”尊为麒麟，而后来人们把历代帝王比喻为龙，从中也可看出麒麟与龙的因果关系，它们同属一宗。商代龙的角，常常用长颈鹿（明代将长颈鹿称为麒麟）的菌状角，这是麒麟与龙的又一种复合现象。秦汉时期，龙从蛇体向兽体转化，和后来的麒麟也有相通之处。汉代以后，麒麟作为一种“仁兽”，虽慢慢地从龙的大家族中分化出来，而逐渐自成一体，成为“五灵”之一，但却始终没有脱离龙的范畴。到宋代以后，特别是明清时期，两者逐渐同化，终于“万变不离其宗”，使麒麟变成了鹿形的龙，除了蹄子像鹿，尾巴像狮和躯体比龙短外，其余和龙的形象高度相似，成为龙家族中的一员。[①]

麒麟作为“瑞兽”，在我国传统的建筑装饰艺术中，始终占据重要的地位。它随着封建制度的建立和发展，被封建统治者所利用，成为维护其封建意识形态的东西，成为政治兴盛的象征。它“有王者则至，无王者则不至”或“王者至仁则出”，麟的出现被认为是圣王

① 徐华铛：《闪烁着历代艺人的智慧光芒的神灵瑞兽麒麟》，《浙江工艺美术》，2001年第2期，第14—15页。

之“嘉瑞”。[①]汉武帝因幸雍获麟而更改年号，作《白麟歌》，筑“麒麟阁”，并赐诸侯白金；宋太宗得麟，宰相、群臣来贺，空前隆重。历代的宫殿、庙宇多将麒麟与龙凤并用装饰，许多帝王陵前也不乏麒麟形象。

此外，在我国古代神话传说中，麒麟还能为人带来子嗣。相传孔子将生之夕，有麒麟吐玉书于其家，上写“水精之子，系衰周而素王”，意谓他有帝王之德而未居其位。此虽纬说，实为“麒麟送子”之本，见载于晋王嘉《拾遗记》。“麒麟送子”大意为：在孔子的故乡曲阜，有一条阙里街，孔子的故居就在这街上。父亲孔纥与母亲颜徵仅孔孟皮一个男孩，还患有足疾，不能担当祀事。夫妇俩觉得太遗憾，就一起在尼山祈祷，盼望再有个儿子。一天夜里，忽有一头麒麟踱进阙里。麒麟举止优雅，不慌不忙地从嘴里吐出一方帛，上面还写着文字：“水精之子，系衰周而素王。”第二天，麒麟不见了，孔纥家传出一阵响亮的婴儿啼哭声。通行的《麒麟送子》图，实际上是中国民间祈麟送子风俗的写照，方式是由不育妇女扶着载有小孩的纸扎麒麟在庭院或堂屋里转一圈。

那么，为什么皇帝会在慈宁门前放置一对麒麟呢?

对于网上盛为流传的“麒麟送子”的寓意，作者认为是不对的。在一个老太每天诵经念佛、安度晚年的地方，放置麒麟怎么可能跟“生子”有关?

结合慈宁门和慈宁宫的建筑功能，作者认为慈宁门前麒麟的寓意至少表示以下两个方面：

其一，长者身份。古人将自然界的所有动物分为羽、毛、鳞、介四种。毛虫就是身上长毛的走兽。《礼记·礼运》云：“何谓四灵，麟凤龙龟，谓之四灵。”《礼记·礼运》又有：“凤以为畜，故鸟不獝；麟以为畜，故兽不狘。”也就是说，麒麟出现以后，百兽都甘愿

① 肖红：《“瑞兽”麒麟与民间装饰艺术》，《河南大学学报（哲学社会科学版）》，1987年第2期，第112—114页。

服从、跟随它。其主要原因在于，麒麟是百兽之长。《孔子家语·执辔》又有："毛虫三百有六十，而麟为之长。"也就是说，麒麟是走兽中的长者，有了麒麟才有其他走兽。慈宁宫住的是皇太后、太妃等辈分高的长者，因而宫前置麒麟这种瑞兽是合理的。

其二，怀仁之心。古人认为麒麟深怀仁慈之心。《春秋公羊传》里有："麟者，仁兽也。"汉代何休注曰："状如麇，一角而戴肉，设武备而不为害，所以为仁。"可见，麒麟连角都带肉，它是不愿意伤人的，具有仁慈的本性。陆玑所著的《毛诗草木鸟兽虫鱼疏·麟之趾》里有："（麟）不履生虫，不践生草。"也就是说，麒麟不践踏动物，连生草都不践踏，对各种生物都很爱惜。由此可知，麒麟是一种深怀灵德的仁兽。因此，慈宁宫作为皇太后、太妃等皇家老妪颐养天年的地方，大门外置麒麟，这种寓意与居住者的平安祥和的愿望是密切相连的，从侧面来看也是皇帝敬老养老美德的体现。

由上可知，北京古都建筑中的瑞兽形象是文化的体现，不仅具有装饰美化作用，还带有伦理说教意义，同时也反映了建筑的营造等级观念和审美特征。我国几千年来形成的政治、哲学、宗教文化思想，成为中华传统文化植根的土壤，在以福、禄、寿、祥、瑞、喜等为题材的建筑装饰中，都融入了瑞兽文化。这种文化反映了人与自然是和谐的共生关系，这就是所谓的"天人合一"的哲学思想[①]。天人和谐是追求的目标和理想境界，它所强调的是人与自然，与天地万物和谐相处及融合的思想。瑞兽文化形成了独特的建筑形态和形式构成等特殊的文化现象，表述了帝王对国泰民安的珍视和渴望，并展示了民众的信仰和审美理想，反映了中华民族深层思维结构和认知方式。

① 刘国敏：《中国古建筑中的祥禽瑞兽与民俗文化特征》，《时代文学（下半月）》，2012年第10期，第217—218页。

第十一章

古建筑色彩的和谐艺术

北京古都建筑色彩与建筑方位、建筑功能、建筑部位存在着特定的协调关系，体现出一定的和谐艺术。如天坛的色彩象征兼顾皇家建筑与祭祀的主旨，内部采用金龙和玺的最高等级彩画，大面积的湛青色琉璃瓦由红色墙体支撑，屋面的整体红色与瓦面的整体色彩形成的单一对比，由立面与瓦面间的梁架与斗拱上的彩绘所协调；梁架彩绘主要采用以蓝色与绿色为基底的金色镶嵌的和玺彩画。这种繁复的色彩局部将整个建筑统一起来，灰白色的墙裙与白色的围栏又限定了单体建筑的空间位置与区域，屋顶则覆盖青色琉璃瓦，象征其与宇宙的关系。[①]又如颐和园为清代皇家园林，主要基调由天空湖水的蓝色和植被的绿色所构成，其间也穿插着琉璃黄、宫墙红等建筑色彩成为整体环境和色彩的点缀。[②]作为明清皇宫的紫禁城，其色彩具有更加丰富的寓意，并符合一定的和谐理念。本章以紫禁城古建筑群为例，说明北京古都建筑的色彩和谐。

---

① 张耀丹：《通往空间的向度——浅析北京天坛建筑群的色彩美学》，《美术教育研究》，2013年第11期，第149—150页。

② 王雪皎：《基于色彩地理学的颐和园导视系统色彩设计研究》，《包装工程》，2019年第14期，第63—67页。

第一节　色彩与五色

自人类造物之初，任何艺术的形制和色彩都是相伴而生的，二者不可分割。色彩不仅是人类最基本的感官体验，还是人类社会活动衍生出的心理现象和思想观念，是具有情感信息表达功能的视觉符号系统。自远古时代到夏、商、周，乃至整个封建社会的中国传统文化，色彩始终是一根联系民族血脉的主线。从根本上说，色彩象征的含义和人们的“认知经验”息息相关，通过与自然界和社会的接触，人们能够在头脑之中形成具有丰富色彩的概念和联想。色彩象征性语言受民族、地域等不同因素的影响，因此成为艺术和文化相结合的产物。

大自然中的色彩有红、黄、蓝、绿、青、白、灰等。红色是光明与血液的色彩。人类自诞生以来，接触最为密切的便是红色——红彤彤的太阳在白天赐予万物阳光，让原始人获得食物；红色的火焰在夜晚为原始人带来光明和温暖，驱走野兽，保护他们的生命安全。人们对世界的认知大多数来自于自然产生的颜色，红色以各种形式出现在人们生活中时又极具重要性，所以从人类社会之初出现的红色对人们的影响最为深远。最初的崇拜在人们心中留下最为古老、最为深刻的印象，加之历朝历代官方正统的强制措施，使得红色从传统色彩文化中脱颖而出。在此情况下，人们渐入骨髓的习惯使红色在传统色彩文化中的地位愈发稳固并传承下来，成为中华民族独具特色的民俗文化符号。[①]各种与生命有关的仪式与禁忌都以红色为其增添象征意义。

红色给人活跃、朝气、热血沸腾的感觉。黄色给人很强的光明的感觉。蓝色给人沉静、理智、远离世俗的感觉。绿色是植物叶片的色彩。在适宜人类生存的自然环境中，无一例外都有大面积绿色植物的存在，它们是动物和人类能量的来源，也提供了呼吸所需要的氧气，

① 陈媛媛：《民俗学视域下中国传统色彩文化研究——以传统中国红为例》，《黔南民族师范学院学报》，2018年第6期，第113—117页。

是人类生存的必要条件，亦是自然环境中所见最多的色彩之一，而绿色也象征了植物色彩，充满无限生命与希望的遐想，这就使其成为被人们所广泛接受并喜爱的色彩。青色给人沉静、优雅的感觉。青是一种底色，清脆而不张扬，伶俐而不圆滑，清爽而不单调。青色象征着坚强、希望、古朴和庄重，《荀子·劝学》有："青，取之于蓝而青于蓝。"白色给人清爽、无瑕、纯洁及轻松的感觉。灰色则给人高雅、朴素、沉稳的感觉。

根据人体感受不同，上述不同颜色还可分为不同的色调。其中，红色、黄色为暖色调，象征太阳、火焰，给人热烈、奔放、温暖的感觉。绿色、蓝色、青色为冷色调，象征森林、大海、蓝天，给人安静、稳重、踏实的感觉。灰色、白色为中间色调，主要起衬托作用。

在我国古代色彩文化中，青、赤、白、黑、黄五种颜色被称为"五色"，是一切色彩的基本元素。《礼记·礼运》有："五色、六章、十二衣，还相为质也。"唐朝经学家孔颖达注疏："五色，谓青、赤、黄、白、黑，据五方也。"东汉经学家刘熙也在《释名·释彩帛》曾做具体解释："青，生也。象物生时色也"，"赤，赫也。太阳之色也"，"黄，晃也。犹晃晃象日光色也"，"白，启也。如冰启时色也"，"黑，晦也。如晦冥时色也"。此五种原色均源自于日常生产生活实践，融入了对天地自然的崇拜、避免灾难发生的生活愿景，并具有特定的象征意义。春秋时期手工业技术文献《周礼·冬宫考工记》首次明确提出了"五色"概念。汉代的皇帝认为汉承秦后，当为土德。两汉时期政权的统一极大地促进了文化的融合和发展，以董仲舒为代表人物的儒家学说得到确立，这种以尊卑等级的"礼制"为核心的思想体系，迎合了古代帝王"皇权集中"的统治要求，使得专制"大一统"的思想作为一种主流意识形态成为定型[①]。五色观亦在此基础上得到更为广泛的积淀、创新和发展，但同时也被印刻上强调等级

① 程瑶，张慎成：《略论中华传统"五色观"》，《湖南科技学院学报》，2016年第3期，第181—182页。

尊贵的儒家礼制烙印。作为明清帝王执政和生活的场所，紫禁城的古建筑整体、单体、不同的部位都显示出不同的色彩，“五色”得到了充分的应用，其建筑文化及艺术特性表现明显，而其中蕴含的和谐思想，亦为重要特色之一。

第二节　紫禁城古建筑五方与五色的和谐

所谓“五方”，即东、西、南、北、中五个方位。春秋时期思想家孔子和弟子曾参有过一段关于五方、五色关系的对话，东汉末年儒家学者郑玄注释为：“示奉时事有所讨也。方色者，东方衣青，南方衣赤，西方衣白，北方衣黑。”[①]《墨子》之《迎敌祠》提到了通过五方的形式来作战布阵的方法，即“东方青、南方赤、西方白、北方黑”的方色来布阵。[②]在周代有祭祀“五帝”的习俗。所谓“五帝”，郑玄解释为：“五帝者，东方青帝灵威仰，南方赤帝赤熛怒，中央黄帝含枢纽，西方白帝白招拒，北方黑帝汁光纪。”[③]可以看出，“五帝”与五方色有着密不可分的关系。《周礼·冬宫考工记》里对“五方”“五色”有着明确的记载：“画缋之事，杂五色。东方谓之青，南方谓之赤，西方谓之白，北方谓之黑。天谓之玄，地谓之黄。青与白相次也，赤与黑相次也，玄与黄相次也。”[④]其大意为：绘画的职务和工作，是调配五色，用来在服装上描绘纹饰。东方呈青色，南方是赤色，西方是白色，北方是黑色；代表天的是玄色，代表地的是黄色。色相的渐次关系，青色与白色相次，赤色与黑色相次，玄色与黄色相次。以上不仅说明了五方、五色的关系，而且还说明了色彩的尊卑，即五色正色为尊、两两相配的间色为卑。

紫禁城整体建筑群在不同方位，其色彩布置有着不同的特点。东、西、南、北、中各方位对应的屋顶色彩如下：

（一）中：代表中心、中间、中轴的意思，是最重要的方位。紫禁城内最重要的建筑布置在中轴线上。“中”对应的色彩是黄色。黄色是最重要的颜色，代表着皇权。《周易》里有这么一句话：“天玄

① 李学勤：《十三经注疏》，北京大学出版社1999年版，第592页。

② 见《墨子》卷十五。

③ 李学勤：《十三经注疏》，北京大学出版社1999年版，第46—47页。

④ 张道一：《考工记注释》，陕西人民美术出版社2004年版，第221—223页。

而地黄。”意思是宇宙是高深莫测的，并孕育着大地。由于中华传统文化中，大地是黄色的，因而用黄色来代表“地”。由于土地是国家的象征，因而黄色也代表着皇帝的权力。紫禁城古建筑中，大部分尤其是位于中轴线的重要建筑，它们的屋顶瓦的颜色都是黄色的，见图11-1。

图11-1　紫禁城古建筑群屋顶
（图片来源：作者拍摄；时间：2008年）

（二）东：太阳升起的方向，有春天生长之意。从功能上讲，紫禁城东部区域的建筑群主要是皇子们生活的地方。从屋顶瓦面颜色来看，该区域主要以绿色为主，见图11-2。其主要原因在于，绿色象征着万物成长，而在阳光下沐浴，万物能更加健康、茁壮地成长。皇帝将皇子们的居所安排在建筑区域的东部，寓意温和之春，皇子们犹如草木萌发，生

图11-2　紫禁城东区南三所
（图片来源：作者拍摄；时间：2016年）

机无限。

（三）西：太阳落山的方向，有秋天收获、圆满之意。从功能上讲，紫禁城西部区域的建筑群主要是皇太后、后妃们生活的地方。其屋顶瓦面颜色为金黄色，见图11-3。其主要原因在于，金黄色有“金秋”之意，而秋天是收获的季节，万物会有丰硕的成果。皇帝把皇太后、后妃们的居所安排在建筑区域的西部，寓意深刻。对于皇太后而言，她们一生圆满，已经到了“收”的阶段，可安度晚年；对于妃子们而言，她们能够为皇帝生儿育女，结出生命的果实，有利于皇家子孙繁茂、多子多福。

图11-3　紫禁城西六宫区域
（图片来源：作者拍摄；时间：2016年）

（四）南：对应的颜色为红色，有夏天红火、赤热之意，亦有防护、守卫之意。紫禁城南面的建筑主要指午门，其屋顶瓦面为黄色，但是其承台的颜色为红色，见图11-4。从功能上讲，午门是紫禁城的正门，其城楼在高高的承台之上。承台表面饰以红色，既显得威严与庄重，又衬托了午门城楼的雄伟与高大。

图 11-4　午门承台及城楼
（图片来源：作者拍摄；时间：2017 年）

（五）北：代表冬天的方向，亦寓意水，有“收纳、灭火”之意。紫禁城北侧屋顶瓦面的颜色用黑色表示。如神武门是紫禁城的北门，尽管神武门的瓦顶颜色是黄色，但是神武门内的值房的瓦面颜色为黑色，见图 11–5。同时，神武门的南边是钦安殿，里面供着道教中的水神，即玄天上帝。紫禁城的古建筑都是以木结构为主，容易着火。皇帝通过在北方设置黑色的屋顶，来希望紫禁城内的建筑不发生火灾。类似的，紫禁城文渊阁是皇帝藏书的地方。为了防止该建筑着火，文渊阁的屋顶采用黑色瓦面，见图 11–6。尽管这种做法有迷信的成分，但黑色在紫禁城古建筑中代表的文化含义得到了充分体现。

图 11–5　神武门内值房瓦面为黑色
（图片来源：作者拍摄；时间：2017 年）

图 11-6　文渊阁外立面
（图片来源：作者拍摄；时间：2017 年）

木结构是一种建筑受力形式，即屋顶的重量由木梁、木柱承担，墙体仅起维护作用。紫禁城的古建筑属于木结构，建筑施工顺序也是先安装木梁、木柱，然后再砌筑维护墙，见图 11–7。

图 11-7　南大库复建的大木构架
（图片来源：作者拍摄；时间：2016 年）

以上紫禁城五种方位的古建筑，采取了上述五种色彩进行巧妙的运用，体现了皇帝对各方向建筑区域功能的用意，亦展现出紫禁城古建筑整体的色彩之美。

第三节 基于皇权思想的紫禁城古建筑的色彩和谐

原始社会时期，古人居住的建筑形式为茅草棚屋，建筑色彩以体现自然功能、材料本色为主，少有人工堆砌的色彩装饰，其色彩多为草、木、土等建筑材料的原色，建筑装饰简单质朴。随着社会生产力水平的提高及人们审美意识的增强，古人开始在建筑上使用红土、白土、蚌壳灰等有色涂料来装饰和防护，后来又出现石绿、朱砂、赭石等颜料。这些不同色彩用于建筑，多用于居住者的图腾信仰或个人喜好。春秋时强烈的原色开始在宫殿建筑上使用，经过长期的发展，在色彩协调运用方面积累了大量的经验。南北朝、隋唐时期，宫殿、寺庙、官式建筑多用白墙、红柱，并在柱枋、斗拱上绘制彩画，屋顶覆盖灰色或黑色瓦片以及一些琉璃瓦，屋脊则采用不同的颜色，与后期的“剪边”式屋顶相呼应。真正在建筑上大量使用色彩做装饰到唐代才出现。[①]唐代建筑归“礼部”所管，建筑有了统一的规划，因此有了等级制度的划分。附在建筑上的色彩也就成了等级和身份的象征：黄色为皇室专用，皇宫和庙宇多采用黄、红色调，民舍只能用黑、灰、白等素色。宋元时期的宫殿使用白石台基，黄绿各色的琉璃瓦屋顶，中间采用鲜明的朱红色墙柱门和窗，廊檐下运用金、青、绿等色加强了建筑物阴影中色彩装饰的冷暖对比，这种做法一直影响到明清。紫禁城作为明清帝王执政及生活的场所，其建筑色彩亦表现为一种等级性，这种等级与建筑功能表现为某种和谐，并反映出一定的建筑艺术。

其一，单体建筑的色彩和谐。紫禁城建筑的严格等级性，不仅表现在不同形式的建筑类别中，而且对于单体建筑，其部位不同，采取的色彩不同，突出的主题也不同，是色彩与皇权之间和谐的体现。下

① 杨冬：《从阴阳五行哲学思想看色彩的装饰形态》，《艺术与设计（理论）》，2011年第5期，第28—30页。

面以太和门为例进行说明。

（一）瓦面：太和门瓦面的颜色为黄色，见图11–8。《周易·坤》里有这么一句话："君子黄中通里，正位居体，美在其中，而畅于四支，发于事业，美之至也。"这句话的意思是，君子的优良品质好比黄色，通达纹理，他身居正确的位置，有着良好的身心，有利于事业的成功，这是最美的体现。由此可知，黄色为中和之色，是最正统、最美丽的颜色，是皇权的象征。屋顶瓦面采用黄色，寓意紫禁城的建筑为皇帝所专用，是皇帝行使权力的场所。

图11–8 太和门立面
（图片来源：作者拍摄；时间：2014年）

相比而言，平民百姓的屋顶瓦面颜色不能用黄色，而一般用黑色。这种黑色的瓦面在古代称为"布瓦"。紫禁城等级较低的古建筑（如硬山式屋顶建筑），其瓦顶颜色也一般采用黑色。部分低等级屋顶也不用筒瓦，而是采用级别较低的合瓦，见图11–9。

图11–9 合瓦屋顶
（图片来源：作者拍摄；时间：2019年）

（二）屋檐：主要是指梁枋

图 11-10　太和门额枋及斗拱
（图片来源：作者拍摄；时间：2017 年）

图 11-11　太和门天花
（图片来源：作者拍摄；时间：2014 年）

图 11-12　太和门立柱
（图片来源：作者拍摄；时间：2016 年）

与斗拱，它们的颜色是青绿色的，见图 11-10。青绿色属于冷色调，其在阴影中显得空气感强，轻盈而又遥远，使得厚重的屋顶给人以轻松的感觉，而且增强了建筑的高度感。由于屋檐往外挑出，因而在梁枋下部及斗拱部位会出现阴影。采取青绿色的彩画对上述部位进行装饰，有利于体现建筑的阴柔之美。

（三）天花：太和门的天花板颜色以青绿色为主，见图 11-11。青绿色在这里给人以安静、沉稳的感觉。同时，这种颜色可显示出建筑空间内部的高深与宽阔。

（四）柱架和墙体：其颜色为红色，见图 11-12。红色给人充实、稳定、有分量的感觉。从功能上讲，墙体对建筑起到维护作用，柱子则是支持建筑屋顶的重要构件。可以看出，两种构件均能起到对建筑的防御、保护作用，其颜色采用红色，因而有利于体现阳刚之气，护卫皇家建筑之意。

（五）台基和栏板：其颜色为白色，见图 11-13。白色是高雅、纯洁与尊贵的象征。由于太和门台基栏板和望柱有着精美的龙凤纹雕刻，因而采用洁白的汉白玉材料，有利于突出建筑本身的高贵之处。同时，白色的台基与黄色的屋顶、红色的柱子形成鲜明的对比，可显示出太和门的集壮丽与高雅于一体。

图 11-13　太和门台基及栏板
（图片来源：作者拍摄；时间：2016 年）

（六）地面：太和门地面的颜色为灰色。从位置及功能角度上讲，太和门地面不宜采用亮丽的色彩，因而采用具有低调特色的灰色。这种灰色位于各种色调中间，并融合于各种色调中，形成了很好的补色效果。同时，灰色地面与白色栏板亦形成鲜明的对比，使得同样为中间色调的白色获得了生命。

对于太和门建筑整体而言，蓝天与黄瓦、绿色屋檐与红色柱子、白色台基与灰色地面，各种色彩巧妙对比运用，给人以雄伟、壮丽的整体色彩感觉。

其二，建筑群整体的色彩和谐，主要表现在以下三个方面：

（一）色彩协调。紫禁城的宫殿建筑群，在室外采用红、黄为主的暖色，而在室内采取以青、绿为主的冷色。冷暖色调的协调，不仅有利于突出建筑的功能，而且有利于增强整体外部空间的立体感，以及建筑室内的舒适感。另外，冷暖色调的协调运用，使得建筑外部在阳光照射下产生反射效果，而建筑内部则产生吸收效果，使得建筑使用者产生不同的视觉感受。这样不仅利于突出建筑的艺术之美，而且保持了不同色彩之间的和谐。

（二）色彩互补。色彩互补的主要作用在于增强紫禁城建筑的整体形象，突出建筑的功能，同时满足人体视觉的平衡。紫禁城古建筑群在一些部位巧妙地使用了色彩互补方法。

如紫禁城古建筑的宫墙，在红墙与黄瓦之间采用了绿色的冰盘檐，见图 11-14。红、黄均为暖色调，寓意紫禁城身份的威严。通过冷色调来进行过渡，使得红、黄两种色调的衔接不再显得生硬。

图 11-14　宫墙
（图片来源：作者拍摄；时间：2017 年）

又如紫禁城古建筑隔扇和槛窗的棱线上采用了金线，见图 11-15。这是为了实现红色与黄色的协调与过渡，并且使得整个建筑产生

图 11-15　神武门槛窗上的金棱线
（图片来源：作者拍摄；时间：2004 年）

流光溢彩的效果。

（三）色彩比例。不同的颜色，在紫禁城古建筑群中的比例不同。我们可以看到，紫禁城绝大部分建筑的瓦面颜色为黄色，见图11-16。这体现了紫禁城建筑整体的形象，即皇权的象征。我们还可以看到红色的柱子和墙体，这种颜色的比例亦很大。红色是强大生命、护卫权力的象征，寓意皇帝的江山永固，生命无限。红、黄这两种颜色在紫禁城古建筑群中的大规模应用，形成了紫禁城华丽、庄严与雄壮之美。

图11-16　紫禁城古建筑群
（图片来源：作者拍摄；时间：2017年）

第十二章

古建筑的其他和谐思想

北京古都建筑体现出来的和谐，不仅仅表现在前述的建筑布局、建筑构造、建筑色彩、建筑艺术、建筑技艺、建筑文化等方面，其建筑选址、建筑规划、建筑数字、建筑理念亦能折射出和谐思想。

第一节　紫禁城古建筑五行与五色的和谐

“五行”是我国文化中影响至远的哲学观之一，是指土、木、火、金、水五种状态。《尚书·洪范》记载：“五行：一曰水，二曰火，三曰木，四曰金，五曰土。水曰润下，火曰炎上，木曰曲直，金曰从革，土爰稼穑。润下作咸，炎上作苦，曲直作酸，从革作辛，稼穑作甘。”该书把宇宙万物划分为五种性质的事物状态，也即分成木、火、土、金、水五大类，并叫它们为“五行”。所谓“润下”，是指水具滋润寒凉、性质柔顺、流动趋下的特性。进而引申为水有寒凉、滋润、向下、闭藏、终结等特性。凡具有此类特性的事物和现象，均可属于水。所谓“炎上”，是说火在燃烧时具有发光放热、光热四散、蒸腾上升之象。由此而引申为火有温热、光明、变化、活动、升腾等特性。凡具有这类特性的事物和现象，均可归属于火。所谓“曲直”，即“枝曲干直”的缩语，是对树木生长形态的生动描述，言其主干挺直向上，树枝曲折向外。从树木的向上生长、向外扩展、枝疏叶茂等现象，引申为木有生长、兴发、生机、条达、舒展等特征。凡具有此类特性的事物和现象，均可归属于木。所谓“从革”，有顺从和变革两个方面的含义。金的“从革”特性，来自金属物质顺从人意、改变外形、制成器皿的认识，引申为金有变革、禁制、肃杀、敛降、洁净等特性。凡具有此类特性的事物和现象，均可归属于金。所谓“稼穑”，植物播种谓之稼，庄稼收获谓之穑，引申为土有生长、承载、化生、孕育、长养的特征。凡具有此类特性的事物或现象，均可归属于土。

占卜星相家利用五行说提出了“五行相生”“五行相胜”的理论。相生，是指两类属性不同的事物之间存在相互帮助、相互促进的关系，即木生火，火生土，土生金，金生水，水生木；相胜即相克，是指两类不同五行属性事物之间关系是相互克制的，如木克土，土克水，水克火，火克金，金克木。五行相生相克关系可用图12-1表示。

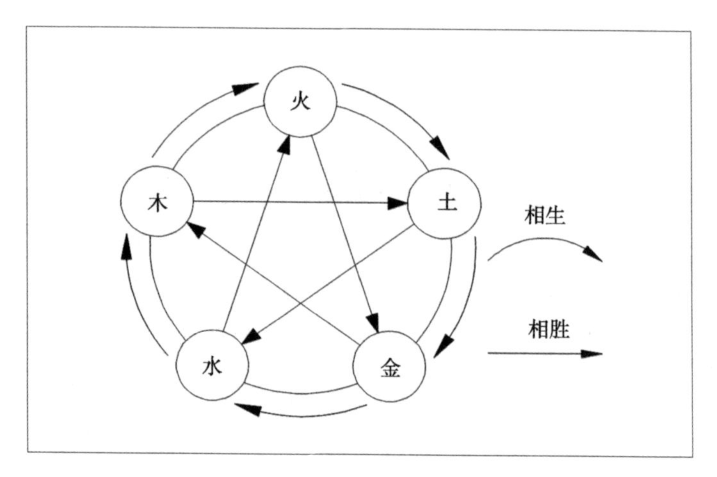

图 12-1　五行相生相胜（克）示意图
（图片来源：作者自绘）

《洪范》中的五行并没有与五色相联系。《逸周书》提出："五行：一，黑位水；二，赤位火；三，苍位木；四，白位金；五，黄位土。"[①]明确了"五行"与"五色"的对应关系，即水对应于黑色，为深渊无垠之色；火对应于赤色，为篝火燃烧之色；木对应于青色，为木叶萌芽之色；金对应于白色，为金属光泽之色；土对应于黄色，为地气勃发之色。《墨子·旗帜》也把守城的旗帜颜色与"五行"对应起来，即"木为苍旗，火为赤旗，薪樵为黄旗，石为白旗，水为黑旗"。在此基础上，战国末期思想家邹衍提出了"五德终始说"，把"五行相生"与季节交替、方位、色彩结合起来，即"木"象征植物，具有生长的性能，当"盛德在木"的时候，就形成了春天、东方和青的颜色；"火"具有热的性能，当"盛德在火"的时候，就形成了夏天、南方和红的颜色；"金"可以制造兵器，具有砍伐的作用，当"盛德在金"的时候，就形成了秋天、西方和白的颜色；"水"具有寒冷的性能，当"盛德在水"的时候，就形成了冬天、北方和黑的颜色；"土"具有生长万物的性能，在五种物质元素中居于主导地位，

① 《逸周书·小开武》卷三。

当“盛德在土”的时候，就形成了季夏、中央和黄的颜色。[①]

五行与五色为什么能够结合在一起呢？主要原因有三个。其一，五行说认为“五行”是产生万事万物本原性的五种元素，一切事物皆生成于金、木、水、火、土；相应的，五色即青、红、黄、白、黑，是色彩的本原之色，是一切色彩的基本元素。五行结合生“百物”，五色结合生“百色”，五色论完全符合五行论。其二，“五色”与“五行”相配属，是出于维护礼制的需要。周代统治阶级从礼制等级观念出发，把代表“五行”的“五色”定为“正色”，象征尊贵，而将其他“间色”贬为卑贱之色。社会人士、宗教礼仪场合及活动均有非常严格的色彩规范，不得混淆颠倒，“尊尊卑卑，不得相逾”[②]。邹衍以解释宇宙自然的阴阳五行说来解释人类历史，指出人类历史也是依照“五行相胜”的关系，此消彼长、周而复始的：“五德从所不胜，虞土，夏木，殷金，周火。”他把历史上的黄帝说成是土德，其色黄；夏禹则以木代土，其色青；商汤以金克夏木，其色白；周文王以火克商金，其色赤。秦始皇在其影响下“推终始五德之传，以为周得火德，秦代周德，从所不胜。方今水德之始”，其色尚黑。秦汉以后，邹衍学说也为历代皇帝所采用，王朝的更替都按“五行相胜”之说“改正朔、易服色”。[③]其三，自先秦时期，阴阳五行思想已颇为流行，影响甚大，“五行相生”“五行相胜”的理论渗透到社会政治、军事、天文、地理、医学甚至占卜等广泛领域，并指导着人们的社会生活等一切活动，后经不断发展、推广，几千年文明，一以贯之，铸成了中华民族特有的思维方式。由于阴阳五行思想向社会各方面的引申，大大地扩展了它的文化内涵，因此，与日常生活密切相关的色彩被纳入阴阳五行的规范就不难理解了。

---

① 王文娟：《五行与五色》，《美术观察》，2005年第3期，第81—87页。

② 黄国松：《五色与五行》，《苏州丝绸工学院学报》，2000年第2期，第24—28页。

③ 王玉：《五行五色说与中国传统色彩观探究》，《美术教育研究》，2012年第21期，第31—33页。

让我们看一下紫禁城古建筑的五行与五色[①②]。紫禁城古建筑群的布局亦受“五行”“五色”哲学观影响，表现为以下特点：

（一）土：外朝三大殿是皇帝的施政场所，位于紫禁城的中心，在五行中属土。土为黄色，代表着中央集权，主化。三大殿建立在三层“土”字形汉白玉台基上，取“中央为土”之意。其屋顶大面积使用黄色的琉璃瓦，就是在昭示天下其“中心”的地位。

（二）金：西六宫的慈宁宫、寿康宫、英华殿等建筑，是太皇太后、皇太后、太妃、太嫔们居住的地方。在人生的道路上，她们已经到了“收”的阶段。这些建筑在五行中都属金。金为白色，代表着金秋，主收。另武英殿（图12-2）位于紫禁城西部，在五行中亦属于金。武英殿是修书处，书籍怕火，金生水、水克火。其建筑位置的布置，从五行相克角度来说，就是为了防火。

图12-2　武英殿外立面
（图片来源：作者拍摄；时间：2016年）

① 杨春风，万屹：《紫禁城宫殿建筑中的“五行、五方、五色、四象”》，《建筑知识》，2007年第3期，第58—61页。

② 党洁：《风水、阴阳、五行在紫禁城中的体现》，《北京档案》，2012年第9期，第50—51页。

（三）水：紫禁城的北部区域在五行上属于“水”，对应的五色为“黑色”。在五行的相生规则中“水生木”，相克规则为“水克火”。紫禁城金水河的水自北墙西（金）侧引入，以示“北水”和“金生水”。在紫禁城的北边的御花园内，种植了大量的树木（图12–3），就是利用了“水生木”的五行规则。御花园内的主要建筑即钦安殿，内供奉着玄武大帝，为道教中的水神，主要用于防火。钦安殿前的门廊为天一门，其命名有“天一生水”之意。位于紫禁城东部的文渊阁也用黑砖墙、黑瓦顶，这是因为文渊阁藏有《四库全书》，体现了“藏”，同时藏书的防火也离不开水。

图12–3　御花园内景
（图片来源：作者拍摄；时间：2017年）

（四）木：文华殿、南三所等紫禁城东侧的建筑在五行中属于木，其对应的颜色为青色。从功能上讲，上述建筑为皇子皇孙学习场所。紫禁城建立之处，文华殿和南三所屋顶均采用绿色琉璃瓦，取“春之木”之意，预示着皇子皇孙生机无限。文华殿在明嘉靖以后改作他用，才更改为黄色琉璃瓦。

（五）火：位于紫禁城南侧的午门是紫禁城的南大门，在五行中属火，其对应的颜色为红色。午门的墩台呈红色，以示火旺。午门是紫禁城中最高的建筑，取“火为大”之意。在五行的相生规则中，“火生土”。“火”为“赤”，“赤”为“红”。所以，紫禁城的宫墙、檐墙、门、窗、柱、框的油饰皆为红色。

紫禁城布局中的五行相生相克的表现：

图 12-4　东华门九行八列门钉布置
（图片来源：作者拍摄；时间：2019 年）

（一）东华门门钉之谜。紫禁城大门的门钉排列通常是九行九列，其中，九为最大的阳数，寓意帝王执政及居所的建筑等级最高。然而，东华门的门钉数量是八列（阴数），见图 12-4。有人认为，东华门是皇家灵柩进出之门，所以门钉数量用阴数。其实不然，明十三陵、东陵、西陵的门钉也是九行九列，单数。其主要原因在于五行生克的吉凶观念。不难发现，紫禁城四个城门之中，东华门最为特殊。因为，在五行之中只有木才克土。在紫禁城这个昔日的皇家阳宅里，主房居中属于土，午门居南属于火，火生土，门生主，为吉；西华门、神武门分别属于金、水，二者都不克土。只有东华门居东属于木，木克土，门克主。这样一来，紫禁城南北中轴线的午门、神武门与主房的五行生克关系来看，生入克出（火生土、土克水），吉；从紫禁城东西中轴线的东华门、西华门与主房的五行生克来看，生出克入（土生金、木克土），凶。为化凶为吉，应解决东华门门克主的问题。五行相胜（克）与否，也有个量的问题，比如，水能克火，但阴水未必能克阳火。类似的，木能克土，但阴木不能克阳土。门钉九行九列八十一颗为阳数，表示阳木或甲木，此木能克土，象征门克主，有凶宅之相，不可采用。而八行九列七十二颗门钉为阴数，表示阴木或乙木，此木不克土，无门克主凶宅之虑。因此，在紫禁城四座城门中，唯有东方的东华门门钉数目不能用阳数，而只能用阴数[①]。那为什么用八列九行七十二这个阴数，而不用其他阴数呢？分析认为，这与封建礼制等级有关。东华门每扇门的门钉总数虽然为阴数，但并不因此失去尊卑分明的礼制。八行九列中的“八”，则与河图之数吻合。按照河图之数的方位关系，一六北方水，三八东方木，二七南方火，四九西方金，五十中央土。其天地生成数之间的关系是：天一生水，地六成之；地二生火，天七成之；天三生木，地八成之；地四生金，天九成之；天五生土，地十成之。由此可知，与“东方木”相应的“地数”火“阴数”，正好是“八”。这就可以解释为什么东华门门钉数量为八列了。这样，“阳木”变成了“阴木”，就不会威胁皇权了。

（二）紫禁城外朝不种树。外朝主要是指前朝三大殿（太和殿、中和殿、保和殿）及其周边区域，见图12-5，其功能主要为帝王举行重要仪式的场所。外朝区域没有种树，民间传说有二。说法一是为了保护皇帝的安全，以免有贼人藏匿于树间对皇帝构成威胁。比如清仁宗嘉庆十八年（1813）9月15日，北京宛平宋家庄（今北京市大兴区宋家庄）人林清率领天理教教徒一百余人分别从东华门、西华门攻打紫禁城。其中，东路教徒在东华门受阻失利，西路教徒则在内应太监帮助下，进入西华门，并杀到隆宗门外。他们见隆宗门关闭，便纷纷借助宫墙旁边的大树爬上宫墙，进入乾清门广场。此时宫里的火器营兵数千人赶来，与教徒们在隆宗门展开了激战。部分教徒被捕，还有部分教徒藏在了宫里不同的地方，有的藏匿于房屋角落，有的藏匿于树上，一周后，这些教徒才全部被抓捕。因此，紫禁城外朝不种树，有利于避免敌人的入侵。这种说法乍听上去有道理，但不正确。因为养心殿、御花园等区域就有很多树木，且高大茂密。说法二即外朝不种树，是为了烘托高大威严的意境。三大殿是帝王举行盛典和行使权

① 韩增禄：《东华门门钉之谜与中国传统文化》，《北京建筑工程学院学报》，1994年第1期，第9—17页。

力的地方，为了突出这组宫殿的威严气势，显示皇权的神圣不可侵犯，古代的建筑师们在设计时采取了许多手法，比如院内不植树。从天安门起，经端门（现在端门前后的树是辛亥革命以后种植的），这之间的一系列庭院内都无树木。为了营造一种官员朝拜天子时，诚惶诚恐的感觉，设计师要在官员朝拜的路上，设计一种严肃、仰慕的气氛。从天安门进入，经过漫长的御道，在层层起伏变化的建筑空间中行进，没有树木的衬托，官员们丝毫感受不到生命气息，这无疑会给上朝的官员，造成一种无形的、不断增加的敬畏和崇拜心理。最后进入太和门时，放眼望去是宽阔的广场，与高耸在三重台基上的巍峨大殿，这种崇敬心理便飙升到了顶点，这正是至高无上的天子所希望的。威严便是皇权的象征，设计师们怕红花绿树，让朝拜的官员无形中放松身心，从而破坏天子期望的威严的氛围。

图 12-5　紫禁城外朝三大殿侧立面
（图片来源：作者拍摄；时间：2017 年）

以上两种说法虽有一定道理，但是紫禁城外朝不种树的根本原因还在于我国古代“五行相生相克”的思想。外朝的三大殿坐落在“土”字形的汉白玉台基上，台基上装有汉白玉栏杆，而白色代表“金”，其寓意为“土生金”。“土”字形台基上还摆放着金属鼎炉，亦有同样的寓意。[①]太和殿、保和殿两侧均有铜缸，里面盛水，用于消防灭火。把“水”与前面的“土”和“金”连起来，就形成“土生金、金生水、水克火”的寓意。另在五行的相克规则中，有“木克土”说法。自古以来，皇帝择中而居。而象征皇权的太和殿更是处于五行中央大“土”的位置，如果在太和殿广场上广植树木，就会犯“木克土”的大忌，对中央政权显然不利，因此，太和殿广场不种树。

① 杨春风，万屹：《紫禁城宫殿建筑中的“五行、五方、五色、四象”》，《建筑知识》，2007年第3期，第58—61页。

第二节　选址的和谐思想

选址是中国历代王朝建立都城的首要工作。所谓选址，就是勘察地形，结合周围的自然环境，选择适宜建造都城的场地。北京古都的每一座古建筑，都经过了精密的选址，以谋求最好的营建环境和营建条件，这也是这些古建筑得以长久保存的重要前提。古建筑的选址具有合理性，既能满足建筑功能需求，又能够顺应自然规律的各种作用，还能够反映使用者的心理意愿。以紫禁城为例来说明北京古都古建筑选址体现的天、地、人之间的和谐。始建于明代的紫禁城，位于北京市内城中心区域，由朱棣于永乐十八年（1420）建成。紫禁城拥有房屋九千余间，为皇帝执政、生活于一体的场所。其规模宏大，布局合理，装饰华丽，等级森严，是中国传统建筑文化之经典。现存部分紫禁城建筑设计图档①可反映紫禁城建筑布局的合理及造型的雄伟。那么，在南京称帝的朱棣为什么要选址北京来肇建紫禁城呢？以下给出相关分析：

（一）地理环境的优越性。北京的地势是西北高、东南低。西部是太行山余脉的西山，北部是燕山山脉的军都山，两山在南口关沟相交，形成一个向东南展开的半圆形大山弯，东南则是缓缓向渤海倾斜的大平原。河流又有桑干河、洋河等在此汇合成永定河。综观北京地形，依山襟海，地势雄伟。元人陶宗仪在《南村辍耕录》中对北京描述有："右拥太行，左注沧海，抚中原，正南面，枕居庸，奠朔方。"可说明北京所处地理位置的重要性。此外，交通便利、气候适宜、地形适中，亦是明紫禁城选址北京的重要地理因素。

（二）古天象的合理性。古人认为天为圆形，所有的星宿围绕着一个固定的中心转动，这个中心即为北极星所在位置，是天帝的居

① 中国国家图书馆善本编号：165-000，图档内容为乾清宫中路全样；中国国家图书馆善本编号：168-002，图档内容为某处七间殿带前后廊的皇帝寝宫。

所，亦是天体的中心。大地的中心以天体运行为参照，以天体中心所在的方位来定大地的中心。《管窥辑要》里面有："北高南下，天体上下侧旋，故以东北为中。"也就是说，大地的中心在东北方。《周礼·春官》把北京城划分为星象分野的东北方，即北京城就是大地的中心。明朝陈政的诗《正疏癸亥管建纪成诗》里面有："帝业垂天极，人心仰建中。"其中"垂天极""仰建中"即紫禁城与天极（天轴）相对应，是人心向往的地方。北京是古天象对应的大地中心，因而符合朱棣对紫禁城的选址要求。

（三）元故宫遗址奠定基础。紫禁城虽然建造于明代，但其选址应该由元代开始。其原因在于，紫禁城是在元故宫遗址上建成的。元朝已认为北京是定都的优选之地。忽必烈在即位前就听取木华黎的孙子霸突鲁的意见："幽燕之地，龙盘虎踞，形式雄伟，南控江海，北连朔漠，且天子必居中以受四方朝觐。大王果欲经营天下，驻跸之所，非燕不可。"（《元史》卷一一九《木华黎传》）1267年正月，刘秉忠奉元世祖忽必烈之命规划和建设元大都，历时九年，完成元大都（今皇城即元故宫）建造。意大利人马可·波罗于至元十二年（1275）旅游至元大都时，描述元大都的场景为"全城地面规划有如棋盘，其美善之极，未可宣言"。元故宫同样建设得非常豪华。明灭元后，一个叫萧洵的小官，负责参与拆除元故宫。他在《故宫遗录》里将元故宫描述为："凡门阙楼台殿宇之美丽深邃，阑槛琐窗屏障之流辉，园圃奇花异卉峰石之罗列……"朱棣下令建造紫禁城，实际是建造在拆除的元故宫的基础上的。为了灭元朝的"王气"，明紫禁城的布局稍微做了变动。如在元代宫殿延春阁的废墟上，用挖紫禁城护城河的泥土填了一座山，称为"万岁山"，亦可认为是镇压前朝的山，所以又称"镇山"，清代称为"景山"。另将太和殿建造于元故宫宫城南门崇天门上，将午门建造于元故宫宫城灵星门上，将乾清宫、交泰殿、坤宁宫等三宫压在元大明殿上。此外，明紫禁城将宫殿中轴东移，使元大都宫殿原中轴落西，处于风水上的"白虎"位置，加以克煞前朝残余王气；明紫禁城建造时，凿掉了元故宫内原中轴线上的御道盘龙石，废掉了周桥。尽管明紫禁城建造时对元故宫进行了大规模的焚毁，但处处可见元故宫的影子。可以认为，元故宫为明紫禁城的选址奠定了较为坚实的基础。

（四）传统观念影响。中国人的传统意识中，皇帝兴建都城、王宫，其选址应满足“王者必居天下之中”的思想。“中”即核心之意，皇城“居中”，方可有利于统治天下，因而“中”是立国之本。《周礼·大司徒》提出王城要建在“地中”的思想。《吕氏春秋》有：“古之王者，择天下之中而立国，择国之中立宫，择宫之中立庙。”这句话可反映“中”在都城选址中的重要地位。“中”还有“核心”的意思，皇帝的位置居“中”，方可体现核心地位，方可使万众归心，皇帝统治国家。明代邓林《皇都大一统颂》里面又有：“环拱众星，维北有京，包举八瀛。”再者，“中”源于人们的传统观念或生活习俗，即有合理、肯定之意，如“中必正”。由此可知，紫禁城选址为北京城的中心，与“中”的传统观念密切相关。

（五）中国传统建筑思想的影响。建筑“风水”（即建筑相地术）是中国流传下来的千年传统，是建造房屋相关的人的行为之间的协调，如建筑选址、朝向、布局、尺寸等，应该满足使用者的某种心理需求。紫禁城建筑的选址无疑渗透着传统建筑风水的思想，如“负阴抱阳”“背山面水”等方面，“负阴抱阳”即建筑坐北朝南。紫禁城古建筑坐北朝南是良好“风水”的体现，但其还有地理学的原因：我国的黄河流域处于北半球亚热带季风气候最为显著的地区，冬季在亚洲大陆西北内部形成高气压，有长达数月的偏北寒风；夏季高气压中心转向东南太平洋上，来自南方致雨的季风，使得温度上升、暑气逼人。在这种地理条件下，建筑朝正南方向最为适宜，北侧封闭以利于御寒，而南侧开设窗户则利用阳光照射和夏季通风。《周易·说卦传》有：“圣人南面而听天下，向明而治。”意思就是古圣先王坐北朝南而听治天下，面向光明的阳光而治理天下。“背山面水”可认为是“负阴抱阳”的另一种方式，亦即从形势角度考虑建筑朝向问题，其侧重点为山水自然环境的组合。山体是大地的骨架，水域是万物生机之源泉。在“风水”中“山”代表靠山，水代表财气。紫禁城选址时，在其北面（背面）利用护城河的土堆成了景山，同时又灭了元朝的王气，一举两得。元大都规划元故宫的“水”时，刘秉忠、郭守敬师徒二人引地上、地下两条水脉入京城。地上水引自玉泉山泉水，人工引泉渠流经太平桥—甘水桥—周桥，直入通惠河。明永乐帝对其进行了更改，但仍在南端设置了外金水河及内金水河，以满足建筑环境需要。

（六）朱棣本人的主观因素。朱棣11岁起在北京当燕王，对北京有很深的感情。明洪武三十一年（1398）闰五月，朱元璋去世，朱允炆即位，并逐步削弱燕王朱棣的势力。朱棣借“靖难”之名，攻打南京，历时四年，夺取了皇位。为了巩固地位，朱棣打下南京城后，对建文帝的大臣进行残酷的屠杀，虽然震慑了建文帝朝人，但是也失去了南方民众的拥戴。且他攻打南京时，建文帝失踪，生死不明，这令他不安。朱棣常年在北京生活，不适应长期居住南京，使他产生迁都的想法。此外，元被灭后，其残余势力退入漠北，占据东至呼伦贝尔草原、西至天山、南临长城的广大地域，并屡谋复兴，意图重主中原。这对朱棣政权亦构成威胁。迁都北京，对朱棣而言，利大于弊。于是，朱棣在北京仿照南京紫禁城的规制，建造了北京紫禁城。其《北京宫殿告成诏》一文有：“眷兹北京，实为都会，惟天意之所属，实卜筮之攸同。乃仿古制，徇舆情，立两京，置郊社宗庙，创建宫室。”（《明太祖实录》卷二二九），说明了在北京肇建紫禁城的重要意义。永乐十九年（1421）正月初一，朱棣正式迁都北京，并将紫禁城作为其政治权力中心，南京作为陪都。

由此可知，明紫禁城选址于北京，是地理环境因素、政治和军事因素、建筑环境文化因素、朱棣本身主观因素等多方面达成“和谐”的结果，是天时、地利、人和的体现。

第三节　规划的和谐思想

北京古都古建筑以阴阳互补、藏风聚气的协调平衡来规划建筑布局，模拟宇宙或社会生活中其他实物形状以暗示一定文化美学意蕴，以建筑物和天象星宿的照应来契合自然，达到一种真实自然的建筑实用意识，实现了人与自然的和谐理念①，同时亦能满足建筑功能与使用者需求之间的和谐。北京现存古建筑主要以明清皇家建筑为主，为体现皇家建筑规划中蕴含的和谐文化，很有必要以紫禁城古建筑的规划布局为例进行补充说明。

紫禁城建筑的整体规划是依据天宫中“紫微三垣”确定的②。紫微三垣是指紫微垣、太微垣、天市垣，它们是古代天文星座最重要的组成部分。太微垣是天宫所在场所，亦是天帝行政之处。相应的，紫禁城前朝建筑的布置，与太微垣天庭建筑布置相仿。太微垣中间有明堂三星，而紫禁城前朝与之对应有太和、中和、保和三大殿。其中，中和殿最初命名为“华盖殿”，而“华盖”则是天宫星座名城之一。太微垣中有逐步上升的三组星座，对应紫禁城前朝三大殿也矗立于三层台基之上。太微垣南端有午门、左掖门、右掖门三颗星，对应紫禁城太和门南端也有午门、左掖门、右掖门三个大门。太和门南端有内金水河，寓意天宫中的银河。紫微垣中有行星15座，对应紫禁城内廷部分的建筑，即乾清、交泰、坤宁三宫，外加其两侧的东西六宫，合计建筑群15座。紫禁城中轴线上有最重要的7座宫殿：太和殿、中和殿、保和殿、乾清宫、交泰殿、坤宁宫、钦安殿。这些宫殿的数量与天宫中的北斗七星：天枢、天玑、天璇、天权、玉衡、开阳、摇光七星一一对应。古人观天象，把东、南、西、北四方每一方的七宿想象为四种动物形象，叫作“四象”。其中，东方七星宿组成青龙，西

① 李玲：《中国古建筑和谐理念研究》，山东大学博士学位论文，2011年，第70页。

② 于希贤，于涌：《〈周易〉象数与紫禁城的规划布局》，《故宫博物院院刊》，2001年第5期，第18—22页。

方七星宿组成白虎，南方七星宿组成朱雀（孔雀），北方七星宿组成玄武。紫禁城的四座大门：东华门、西华门、午门和神武门，与天宫中“四象”对应。其中，午门在外形上，很像展翅飞翔的孔雀；而神武门在最初建造时，其命名为“玄武门”，后因避讳康熙名字玄烨而改为“神武门”。紫禁城的上述布局，与古代天宫中的星宿分布有着密不可分的对应关系，这寓意着皇帝在建造紫禁城时，希望能达到“天人合一”的境界。

紫禁城宫殿大体上区划为外朝和内廷两部分。外朝为“大内正衙”，是皇帝和官员们举行各种典礼和政治性活动的场所，其范围是乾清门前广场以南，太和殿、中和殿、保和殿为其中心区，其东西两侧分别有文华殿和武英殿两组建筑。内廷部分则从乾清门开始，以乾清宫、交泰殿、坤宁宫为主体，其北有御花园。后三宫（乾清宫、交泰殿、坤宁宫）东侧有斋宫、东六宫、乾东五所等，称内东路；最东面即宁寿宫建筑组群，称外东路。后三宫西侧有养心殿、西六宫、乾西五所，称内西路，最西面是慈宁宫、寿安宫、英华殿等，称外西路。内廷是皇帝办事居住和后妃、太后、太妃、皇帝的幼年子女们的生活区[①]。上述建筑分区合理，与帝王执政、生活的需求达成和谐。

紫禁城宫殿建筑虽然是单栋分开布局，却不是孤立独处。紫禁城中轴线空间序列，便是一个最好的例子。天安门内至端门是较为窄小，近乎完全封闭的空间，其指向前方的暗示性十分明显。午门，坐落在“凹”形台上，由门楼、东西庑及四角亭组成的复合式建筑，是传统宫城标志的阙门。门前城墙夹峙，杰阁四耸，形成威慑、森严的气氛。午门内再一个广场出现，内金水河横穿广场，标志着进入宫城。空间有主有次地向前方及两侧伸展、流通，以五座桥引向迎面的太和门。建筑的形式向水平展开，由中央的正门往两侧延伸，经侧门到崇楼再折向前连接东西朝房，将广场三面包围，全部建筑坐落在两

① 郑连章：《紫禁城宫殿的总体布局》，《故宫博物院院刊》，1996年第3期，第52—58页。

米多高的台上，正门前摆放铜狮陈设，东西房房中部各开一座屋宇式大门，至此，空间已不再是由门到门起指示前进的作用，随着吸收视觉注意力目标的增加，预示门内即将来临的高潮。进太和门，太和殿以最高等级的造型，最大体量的木构造建筑，高踞诸宫殿之上成为高潮中的“主角”。这里是大典庆贺，皇帝亲临，百官聚集的场所。坐落在洁白石雕的三层台上，富丽中见典雅，精美中见端庄。台基把太和殿抬高并扩大了基础面积，四周的屋顶都似乎匍匐在它的阶下，视觉上加强了宏伟感。整体布局构思，更在于掌握低层单栋建筑的特点，不是把太和殿孤单兀立，而用其他建筑烘托陪衬。东西主配殿为了和主殿等级高度相差得当，做了房殿顶的两层建筑，门和朝房都建在三米多高的台上，形体基本相似，构造基本相同，色彩基本一致的众多建筑，汇成有主有次，和谐统一的群体。背景是红墙及其上无垠的蓝天，使太和殿的崇高、宏伟得到充分的表达。从太和殿两侧朝房前廊北端的小门才能进到中和殿、保和殿所在的庭院内，虽然同踞三台之上，但建筑规格有所降低。穿过保和殿后东西横巷，迎面是乾清门，门内一条甬道直达乾清宫，其后为交泰殿，再后为坤宁宫。三座建筑的布局和外朝三大殿相似，但不完全相同，等级体量略次于前朝。坤宁宫之后是御花园，作为中轴序列的尾声，虽然是花园，但仍保持对称的布局。花园之后是北门神武门，这一段是收束[①]。整个中轴线建筑布局得体而又和谐。

---

① 茹竞华，田贵生:《紫禁城总平面布局和中轴线设计》,《中国紫禁城学会论文集(第三辑)》，紫禁城出版社2004年版。

第四节　建筑数字的和谐思想

在我国传统文化中，数是一个“先天地而已存，后天地而已立”的自在之物，是与天地共存、具有自然法则的含义。东汉马融认为建筑数字文化来自《周易》，在建筑的特定语言里，人们用数来表达某种愿望、某种理念、某种象征意义或代表某种形象的物或抽象的概念，把数的元素融汇在建筑语言中，使建筑中的数和天象天文、地理地利还有自然逐步形成了一种图腾式的理念，数的概念起到了和谐和平衡的作用。数的艺术审美化体现了北京古都建筑人与自然的和谐关系。[①]以紫禁城古建筑为例来说明建筑数字体现建筑营造的和谐理念。

古代把数字1、3、5、7、9等奇数称为阳数，2、4、6、8等偶数称为阴数。故宫古建筑群根据功能的需要，在布局、构造等方面巧妙地使用了不同的数字，来体现风水思想。

数字“3”：《说文解字》解释为“三，数名。天、地、人之道也”。这说明“3”是集天、地、人于一体的富有哲理的数字。故宫古建筑中，“3”的寓意得到了适当的体现。比如太和殿前的台基是3层。其每层逐渐升高，视觉上给人以“大殿向天空托起”的感觉，寓意“皇权至上，受命于天”的思想。前朝最重要的宫殿为3座：太和殿、中和殿、保和殿。后宫最重要的建筑亦为3座：乾清宫、交泰殿、坤宁宫。故宫古建筑群分为3路：左路、中路、右路。故宫大部分建筑区域，都由前院、中院、后院3部分组成。比如文华殿区域，其前院为文华门以南区域，中院为文华殿周边区域，后院为文渊阁区域。

数字“6”：是阴的象征，象征着和谐、吉利、关爱、孕育等，显示出阴柔含蓄之美。如故宫后庭东边和西边对称布置着6座寝宫，是

① 李玲：《中国古建筑和谐理念研究》，山东大学博士学位论文，2011年，第84—85页。

皇帝的后妃们生活的地方。东西宫的数量体现在数字“6”上，其主要原因在于“6”为阴数，而《周礼·天官·内宰》中有“以阴礼教六宫”的记载。同时，东西六宫又有“六六大顺”、皇帝多子多孙之意。东西六宫的建筑普遍体量小而隐蔽，前朝形成刚和柔、阳和阴的和谐统一。又如故宫古建筑属于木结构，怕火，而水能灭火。“天一生水，地六成之”这句话源自远古时代对天象的观测，基本意思为“水星与日月会聚，以水灭火”。故宫部分建筑通过数字“6”和“1”的组合来表达以水灭火的良好愿望。故宫中轴线北部的钦安殿内有玄天上帝的塑像，是道教中的水神。与之相对应，钦安殿前的垣门叫作“天一门”，这个名字取自“天一生水”之意；而钦安殿前丹陛石雕上刻有6条龙，寓意“地六成之”。另文华殿北侧的文渊阁是紫禁城的藏书处，分为两层，上层为一通间，下层为六间，亦寓意“天一生水，地六成之”。

数字“9”：“9”是最大的阳数，是阳的象征，在故宫古建筑中可体现至高无上的等级。故宫古建筑的不同构件，通过“9”来体现其重要性和显著地位，至少表现在以下5个方面：（1）故宫古建筑台阶上的龙，最多为9条。比如保和殿北面台阶上的龙纹石雕，由4块石雕组成，其中最下面一块石雕最大，是故宫内最大的单体构件。该石雕长16.57米，宽3.07米，厚1.7米，重达230吨。石雕下面是海水江涯图案，寓意福山寿海；周边是卷草纹图案，寓意平安吉祥；而中间则是9条精雕细刻的龙飞腾于流云之中，寓意皇帝是真龙天子，上天下渊，无所不能。（2）故宫古建筑大门门钉的数量，横向为9个，纵向也为9个。古建筑的大门有不同种类，其中有一种是实心厚木门，它是用一块块厚木板拼起来的，再用一块长木板（称为穿带）把它们连在一起。那么，把穿带与各厚木板固定，就必须使用钉子。而这些钉子钉入实木里后，会露出一截。为了美观需要，索性在钉子头部做了个帽子，这样就成了门钉了。所以，门钉兼有实用和装饰的功能，且仅用于实木大门，古建筑术语称为实榻门。（3）故宫古建筑屋顶上的小兽，数量最多的为9个。古建筑小兽一般都放在脊部位。这些部位是瓦垄相交的部位，很容易漏雨，而且容易掉瓦。在脊位置放置小兽，既可以固定瓦件，还可以防止漏雨。故宫古建筑屋顶上的小兽数目，一般为1个，3个，5个，7个，9个。建筑越重要、级别越高，小兽的数量越多，但不会超过9个。需要说明的是，古建筑屋面的两个坡相交成一条直线，称为脊。根据位置不同脊可分为正脊、垂脊、戗脊、围脊、角脊等。正脊是前后坡屋面相交的直线做成的脊；与正脊相交的脊为垂脊；歇山屋顶上与垂脊相交的脊为戗脊；下层檐屋面与木构架相交的脊称为围脊；角脊是下层檐转角部位的脊。需要说明的是，太和殿屋顶小兽的数量为10个，紫禁城仅此一例。（4）古建筑斗拱的出踩，数量最多的为9踩。斗拱位于柱顶以上、梁架以下，是一种由很多小尺寸木块叠加起来的组合结构，且这些小木块呈一般斗形或者拱形，因而被称为斗拱。斗拱的主要功能是承担屋顶传来的重量，并把它传给柱子。斗拱向外出挑，称为“出踩”。由坐斗正中心开始，斗拱向外出挑一次，称为“3踩”；出挑二次，称为“5踩”；出挑三次，称为“7踩”；出挑四次，称为“9踩”，这也是紫禁城斗拱出踩最大的数目。（5）故宫古建筑屋顶的梁架，九架梁为最多。什么是梁架呢？梁架就是支撑屋面瓦的木构架，这种木构架由梁和短柱组成。故宫古建筑梁架的做法是：斗拱之上，首先是安装一根梁，然后在梁的两端立两根短柱；短柱之上再安装一根梁，梁的两端再立两根短柱；依次类推。需要说明的是，上层的梁比下层的梁长度要小。这种形式的梁架，我们称为抬梁式梁架。故宫古建筑的梁架都属于抬梁式梁架。当古建筑屋顶正脊的形式为圆弧形或者元宝形时，梁从上到下依次称为二架梁、四架梁、六架梁、八架梁。当古建筑屋顶正脊的形式为尖山时，梁从上到下可依次称为三架梁、五架梁、七架梁、九架梁。故宫古建筑梁架最大数为“9”，如奉先殿的梁架含有九架梁，体现了“9”的至高地位。

数字“9”和“5”的组合，寓意皇帝九五至尊的地位，在故宫古建筑中处处体现。故宫古建筑的房屋总数传说为9999.5间。这个数字反映了紫禁城的房屋数量很多，而末尾的数字“95”也体现了紫禁城建筑的至高地位。前朝三大殿“土”字形大台基，南北相距232米，东西相距130米，二者之比也刚好为9比5。这寓意皇帝行使权力的宫殿具有至高等级。故宫古建筑中，体量大、等级高的建筑一般是在开间上分为9个部分，在进深上分为5个部分，体现“九五至尊”。需要说明的是，太和殿在开间上分成11个部分，不是9个部分。其主要原因与太和殿屋顶放10个小兽的原因相同。紫禁城亦仅此一例。故宫锡庆门（今珍宝馆入口）内的影壁，在正立面刻了9条龙，在屋顶上还刻了5条龙，寓意“九五至尊”。故宫宫殿的建筑布局有外朝和内廷之分。内廷二宫乾清宫和坤宁宫组成的院落，南北相距218米，东西相距118米，二者之比为11比6；外朝三大殿太和殿、中和殿、保和殿组成的院落，南北相距437米，东西相距234米，二者之比也是11比6。同时外朝院落的长、宽几乎是内廷院落的两倍，外朝的院落面积就是内廷的四倍。中国古代皇帝有“化家为国”的观念，所以建造皇宫时以皇帝的家，也就是内廷为模数，按比例规划外朝与其他建筑群落。

紫禁城古建筑的设计和布局，巧妙地融合了不同的数字，体现了古人的愿望——与天象、自然达成的和谐。

第五节　绿色建筑的和谐思想

和谐对于绿色建筑的发展有着重要的指导意义。“绿色建筑”中的“绿色”并不是指通常意义上的屋顶花园或是立体绿化，它是泛指一种建筑理念，特指那些最大化发挥自然资源的利用效率，可以最大限度地降低对环境的危害，从而在不破坏当地生态环境的前提下建成的一种建筑。随着自然环境污染问题的日益加重，地球上各种不可再生资源被过度地开采和使用，导致当前的环境污染和资源枯竭问题已经严重威胁到人们日常的生产生活，所以环境资源危机也是人类当前亟待解决的重要问题。因此，人们开始逐步建立保护环境和可持续发展意识，而绿色建筑的出现极大地迎合了人们渴望人与自然和谐共处的需求。绿色建筑的核心内容就是环境保护，它认为人与自然不是相互对立的，而是相互依存、相互依赖、和谐统一的。由于人类一味地对自然进行掠取只会导致我们生存环境遭受更加彻底的破坏，从而加速地球资源的枯竭，所以绿色建筑要求人类不要一味地妄图征服、主宰自然，要改变对自然的态度。绿色建筑体现其“天人合一”的内涵，如承认人与自然之间是相互依存、和谐共处的，杜绝对环境产生破坏的行为，建立与自然良好的相处方式，建立“天人共存”的局面，实现人与自然的可持续发展①。而实际上，北京古都建筑的营建在多方面体现了绿色的理念，以紫禁城古建筑屋顶为例说明。

紫禁城古建筑屋顶有着优秀的保温与隔热性能，主要表现在泥背层、内部的架空层、挑檐做法。古建筑屋顶的木板基层之上，会分层铺墁各种泥背，如有护板灰（生石灰、水、麻丝按比例混合而成）、青灰（青浆与生石灰按比例混合而成）、麻刀泥（生石灰、黄土、麻丝按比例混合而成）等，总厚度可达30厘米。泥背的导热系数和导温系数都比较小，而厚厚的泥背层使得古建筑犹如穿上了保暖服，这使

① 梁铖：《人文视角下的绿色建筑解析》，《居舍》，2019年第11期，第15—16页。

得温度的变化很难影响到建筑内部。紫禁城古建筑的坡屋顶形式使得屋面板与天花板之间形成架空层。架空层在夏天拦截了直接照射到屋顶的太阳辐射热，使屋顶变成两次传热，避免太阳辐射热直接作用在建筑内部；类似的，架空层的存在使得冬天室外寒冷的温度也不能直接传入建筑内部，保证了古建筑本身温度的恒定性。

紫禁城古建筑屋顶的挑檐做法亦有利于建筑的保温隔热。紫禁城古建筑屋顶檐部向外挑出（一般为柱高的1/3左右），并略带上翘的弧度，形成优美的曲线，称为挑檐做法。这种挑檐做法在夏天有利于避免阳光在正午时间照入室内，而在冬天正午时分阳光则恰能照入建筑最深处。这是因为，我国地处北半球，太阳光从南向北照射。因地球的南北两极并非垂直，而是与太阳有一定的倾斜角度，地球在围绕太阳公转时，太阳光在南回归线与北回归线之间来回移动，四季阳光照射的高度角是不一样的。北京地区的太阳高度角夏季约为76度，冬季约为27度。屋檐往外挑出一定的尺寸，使得建筑外部的阳光照射达到某种特定的效果：在夏天且早上温度较低时，其照射到建筑内部，随着室外温度升高，太阳照射室内范围逐渐减小，正午时分，阳光几乎位于建筑正上方，只能照射到檐柱外面，因而热量无法传入建筑内部，整个过程犹如对建筑的一个降温过程，使得炎热的夏天屋内始终保持一丝凉意；在冬天早上时，阳光尚未照入室内，随着太阳角度升起，建筑内部逐渐接受光照，而到正午时分，阳光几乎正好射入了室内最内侧墙的位置，整个过程犹如对建筑的逐步加热过程，使得紫禁城的屋内暖意洋洋，令人舒畅惬意。

紫禁城古建筑屋顶的绿色实用功能，还表现为优秀的排水性能。紫禁城古建中的屋面不是“平面”形，而是采用“曲面”的形式，对应屋面的坡度是屋顶部位陡峭、屋檐部分平缓。这种屋顶的曲面形式，是极其有利于屋顶排水的。从瓦面层来看，其由底瓦与盖瓦组成，形成一道道瓦垄。底瓦又称板瓦，形状上凹，铺墁时上层瓦压下层瓦，使得雨水由上往下排出时，不会渗入到下面的泥背层；底瓦的两端由竹筒状的盖瓦连接，盖瓦内有着厚厚的铺瓦泥，对接缝起到了密封作用，并且使得底瓦层由上而下形成了一道道排水线。与此同时，曲面屋顶的坡度设置，使得雨水落入屋顶上部迅速下排，而到屋檐部位则水平向外排出。《周礼·考工记》形容这种屋顶坡度做法为“上尊而宇卑，则吐水，疾而霤远”。不仅如此，该种巧妙构造之法的功效与优势则主要表现在它的排雨速率与时间上。根据物理推算，曲面形的界面要比平面形的界面，在排水时间上会更快些，并且不容易产生积水的现象，而紫禁城古建筑中屋顶的界面在弧度与角度的推算上，都十分得当。除此之外，紫禁城古建中的屋顶出檐深远，还有利于防止雨水对建筑内部木构件的侵蚀，保护其内部梁柱与斗拱构造的完好性。

第十三章

《周易》和谐思想对紫禁城古建筑营建的影响

《周易》即《易经》，相传系周文王姬昌所作，是中国传统思想文化中关于自然哲学与人文实践的一本书[①]。该书体现的和谐内容极其丰富，对中国几千年来的政治、经济、文化等各个领域都产生了极其深刻的影响。《周易》认为世间万物是“阴”和“阳”的统一体，通过“阴”和“阳”的交互感应来解释世事发展的内因，并以此来探讨宇宙生成、运行、发展和变化的规律。《周易》采用阳爻符号“—”、阴爻符号“--”来分别表示“阳”和“阴”，使得极为复杂的宇宙体系变得简易和直观。《周易》依据古代劳动人民的生活经验，把对人生奥秘和客观世界的探讨进行归纳和记载，其既可以被认为是一本古代探讨自然的书，也可以被认为是一本古代探讨社会的书[②]。《周易》通过对3个“—”或“--”符号的巧妙组合，来建立经卦、别卦和重卦；将这些符号组成八卦，再将八卦组合，从而形成六十四别卦，并以此来探讨万事万物的发展和变化，即“生生之谓易”（《周易·系辞》）。《周易》认为“道”是世间万物合理存在的重要前提，有了“道”才有万物，即“形而上者谓之道，形而下者谓之器”（《周易·系辞》），此处“器”指的是世间事物。《周易》要求人们正确认识天体运行规律，正确处理人与自然关系，即“观乎天文，以察时变；观乎人文，以化成天下”（《周易·贲》）。《周易》还认为宇宙间的一切事物和现象都是包含着阴和阳的对立统一体，是万事万物存在的根

---

① 郭彧译注：《周易》，中华书局2006年版。

② 欧阳康，孟筱康：《试论〈周易〉的原初意义与现代意义》，《周易研究》，2002年第4期，第3—13页。

本前提，即先有“易有太极，是生两仪，两仪生四象，四象生八卦”（《周易·系辞》），尔后“天地氤氲，万物化醇，男女构精，万物化生”（《周易·系辞》）。

位于北京市中心的紫禁城（今故宫博物院），拥有世界上现存规模最大、保存最完整的木结构古建筑群。这些古建筑始建于明永乐十八年（1420）。其以雄伟的外观、绚丽的色彩、丰富的信息、优美的造型、精湛的工艺、开阔的空间、有序的构架、丰富的景观等方面为世界瞩目，并成为我国官式木构古建筑的典范。紫禁城古建筑布局、造型、装饰、色彩、陈设、等级等方面与《周易》思想有着密不可分的关系，下面对二者之间的相关性进行具体论述。

第一节　“阴阳和谐”思想

《周易·系辞》里面有：“乾，阳物也；坤，阴物也。阴阳合德，而刚柔有体。以体天地之撰，以通神明之德。”即乾卦为阳，坤卦为阴，自然界的万物为阴阳结合，如同刚和柔的组合。通过这种方式来体现天下万物之事，并达到与神沟通的境界。《周易·系辞》里又有：“一阴一阳之谓道，继之者善也，成之者性也。”

紫禁城的古建筑在整体布局上运用了阴阳和谐理论。前为阳，后为阴。前朝建筑以太和殿、中和殿、保和殿三大殿为主，是皇帝举行重大仪式的地方。后廷主要是指后乾清、交泰、坤宁三宫及两侧的东西六宫，是后妃们的居所。前朝三大殿的建筑雄伟、挺拔，属于阳刚之美；内廷建筑精巧、含蓄，属于阴柔之美。东为阳，西为阴。东方是太阳升起的方向。紫禁城东部的建筑以皇子的生活场所为主。寓意温和之春，阳光滋润，万物生长。西方是太阳落山的方向。紫禁城西侧的建筑主要用于太后、妃子们的生活场所，太后到了人生圆满的阶段，而妃子们为皇帝生儿育女，寓意皇家后代子孙繁茂。

在建筑的雕塑装饰方面，阴阳理论主要表现在太和殿与乾清宫前面那两对铜鹤、铜龟的造型区别上[①]。太和殿前面的铜鹤与铜龟，都是立于汉白玉台座上的；乾清宫前面的铜鹤与铜龟，都是直接铸在江山铜盘与海兽纹铜盘上的。太和殿前面的铜鹤与铜龟，都是张口的；乾清宫前面的铜鹤与铜龟，都是闭口的。太和殿前面铜鹤的尾巴，都是长而尖的；乾清宫前面铜鹤的尾巴，都是短而秃的。太和殿前面的铜龟，都是昂首朝天的；乾清宫前面的铜龟，都是伸首向前的。太和殿前面的铜龟，都是立姿的与尾巴尖朝上的；乾清宫前面的铜龟，都是卧姿的与尾巴尖朝下的。太和殿前面的铜鹤、铜龟体量较大，头部

① 韩增禄：《北京故宫建筑的易学理念（中）》，《周易文化研究》，2017年，第298—324页。

较高；乾清宫前面的铜鹤、铜龟体量较小，头部较低。中国文化是讲究谐音、善用比喻和暗喻的文化。从这个角度来说，铜鹤、铜龟即是同贺、同归的谐音。其文化象征是：新朝鼎立、乾坤大定、普天同贺、万民同归。按照易学理念，太和殿位于前朝，属阳。故而，铜鹤、铜龟均呈开口状态，而且与乾清宫前面的铜龟相比，太和殿前面的铜龟体量较大、头部较高，以象阳。乾清宫位于内廷，属阴。故而，铜鹤与铜龟均呈闭口状态，而且与太和殿前面的铜龟相比，乾清宫前面的铜龟体量较小、头部较低，以象阴。乾清宫是后廷首座宫殿，是皇帝居住之所。位于乾清宫露台上东西两侧的两组铜鹤、铜龟雕像，所象征的是江山万代千秋、社稷绵延久长，以及君主万寿无疆、皇族香火兴旺。而且，君主的万寿无疆、皇族的香火兴旺，都是以其江山社稷的存在与否为转移的。与之相应，铜鹤与铜龟都立于象征江山、社稷的江山铜盘之内，铜龟脚下的铜盘之内是浪花翻滚的水纹，水面之上是幼龟和鱼、蟹一同在水面戏水，呈现出一派生机盎然之象。

另从平面形状来看，前朝建筑犹如具有阳性特点的“凸”形，后廷建筑犹如具有阴性特点的“凹”形。二者在平面上形成了一个坚固的榫卯结构。榫卯结构，即两个木构件，一个构件的端部加工成榫头形式，另一个构件的端部加工成卯口形式。两个构件相连接时，榫头插入卯口之中，构件连接牢固可靠。紫禁城古建筑整体布局的榫卯结合形式，亦是阴阳学说在紫禁城古建筑中的体现。

第二节 “天人合一”和谐思想

《周易·系辞》里有：“易之为书也，广大悉备，有天道焉，有人道焉，有地道焉，兼三才而两之，故六。六者，三才之道也。”在这里，“天”指的是宇宙空间及其表现出来的自然规律（如风、雨、雷、电），“地”是指自然界的万物，“人”指人的行为。“天人合一”说明了宇宙中“天、地、人”为和谐一体的核心思想。阴阳乾坤变动流通，我国传统建筑从外形到内部格局均表现出一种与自然适应和协调的体态。这是《周易》“天人合一”思想在建筑中的具体应用。它非单体建筑独立存在，是群体组合。它要求室内室外、人力和自然做到协调融洽。我国传统建筑院落布局充分体现了与自然合一的哲学观念。传统建筑不求向高处发展，而是亲近大地横向水平铺开，显自然之亲和。建筑与周围的山峦水流林木等有着某种契合，视觉上融为一个整体。紫禁城古建筑亦体现了“天人合一”的思想。

紫禁城建筑的整体布局是依据天宫中“紫微三垣”确定的。紫微三垣是指紫微垣、太微垣、天市垣，它们是古代天文星座最重要的组成部分。太微垣是天宫所在场所，亦是天帝行政之处。相应的，紫禁城前朝建筑的布置，与太微垣天庭建筑布置相仿。太微垣中间有明堂三星，而紫禁城前朝与之对应有太和、中和、保和三大殿。其中，中和殿最初命名为“华盖殿”，而“华盖”则是天宫星座名城之一。太微垣中有逐步上升的三组星座，对应紫禁城前朝三大殿也矗立于三层台基之上。太微垣南端有午门、左掖门、右掖门三颗星，对应紫禁城太和门南端也有午门、左掖门、右掖门三个大门。太和门南端有内金水河，寓意天宫中的银河。

紫禁城在布局上通过设置一条中轴线的规划手法，强烈突出天子之尊；为了表现出与自然距离相去甚远之感，周围再围以红墙。通过抬高台基的做法，使位于三层白石台基上的前朝三大殿彰显高大气派，后寝诸宫的尺度并不显得格外壮观，其院落式的布局，在排列组合上也在规整中透出一定的自由和灵活，基本上还是以符合使用为目的。在后寝的众多建筑院落组合中，专门营建了四座宫内花园，即位于轴线上的御花园、建福宫西御花园、慈宁宫花园、宁寿宫西花园即乾隆花园。在宫城西侧有大面积的西苑即现在北、中、南三海与之相邻。西苑水面颇大，是以突出自然为主的游憩性的观赏苑囿。大规模宫殿建筑与自然山水有机地融为一体，这是《周易》阴阳合德观念在礼制宫殿建筑中关于阴阳、虚实、刚柔等诸方面的反映，亦为“天人合一”思想的体现[①]。

紫禁城古建筑，尤其是重要的古建筑，其内部的空间是非常开阔的。通过柱子来支撑屋顶并巧妙分割空间，在整体上给人以高大、深邃感。其门窗方位合理，有利于采光通风，充分满足使用者的活动需求。这种空间有利于模糊室内外的空间界限，亦有利于建筑使用者与天地的高度融合。《周易·系辞》里有：“仰则观象于天，俯则观法于地。”位于紫禁城建筑内的皇帝，既便于观天象，又便于接收地气，享受自然、融于自然，体现了“天人合一”。

① 董睿：《易学天人合一思想对中国传统建筑的影响》，《山东社会科学》，2012年第6期，第163—165页。

第三节　八卦图的运用

八卦的卦象是观物类象，八卦的卦爻辞是类象达意。就连“卦”字本身也是象形的产物，一说“卦”字的本意是测量时间的工具，意为一个竿子立在地上，旁边放了一把尺子。还有一说是从“卦”字的字源来分析的，说“卦”字由卜字和土字构成，卜字是烧灼龟甲兽骨时出现的裂纹形状的象形，商朝人用烧灼龟甲和兽骨的方式来进行占卜，根据裂纹的形状特征判断吉凶。而土字由十和一构成，古人通过往地上扔蓍草的方式进行占卜，根据蓍草相交与不相交的情况判断吉凶，相交的情况记为十，不相交的情况记为一，合起来就是一个土字。整个字表达的就是用蓍草和龟裂来进行占卜的象形。这生动地描述了“卦”字字源象形化的特征。[1]《周易·说卦》对八卦的基本含义进行了解释：“乾为天……坤为地……震为雷……巽为风……坎为水……离为火……艮为山……兑为泽。”八卦每卦分为三爻，分别代表天、地、人。《周易·说卦》又有：“震，东方也……巽，东南也……离也者，明也，万物皆相见，南方之卦也……坤也者，地也，万物皆致养焉……兑，正秋也，万物之所说也……乾，西北之卦也……坎者，水也，正北方之卦也……艮，东北之卦也。”根据上述表达内容，不难绘出八卦的名称及所在方位图，见图13-1。

图13-1　八卦方位图
（图片来源：作者自绘）

① 窦文宇，窦勇：《汉字字源：当代新说文解字》，吉林文史出版社2005年版，第107页。

与八卦密切相关的五行学说是中国文化中应用广泛且影响深远的理论。五行之说最早出自《尚书·洪范》，具体是指木、火、土、金、水这五种构成世间万物的基本要素，是对宇宙万物的一种意象性概括。《尚书·洪范》还指出了五行的特点及其所对应的五味："水曰润下，火曰炎上，木曰曲直，金曰从革，土爰稼穑。润下作咸，炎上作苦，曲直作酸，从革作辛，稼穑作甘。"五行理论的木、火、土、金、水是构成物质世界所不可缺少的基本元素，并由于这五种基本物质之间的相互滋生、相互制约的运动变化而构成了宇宙世界。五行有五行之象：金，不仅代表金属，而且是坚固和锋利的代表；木，也不仅仅表示木材、木质，且代表生生不息的态势；水，代表液态、流动，具有循环和周流的意思；火，代表热能、消耗、毁灭；土，代表土壤、中性、中间。五行有五行之意（性）：木主仁，其性直、其情和、其色青；火主礼，其性急、其情恭、其色赤；土主信，其性重、其情厚、其色黄；金主义，其性刚、其情烈、其色白；水主智，其性聪、其情善、其色黑。五行之间不是孤立存在的，而是具有生克制化的相互作用。五行的相生：木生火、火生土、土生金、金生水、水生木。五行的相克：木克土、土克水、水克火、火克金、金克木。[①]

紫禁城在布局上，巧妙地将八卦图与五行结合起来，即东—木、西—金、南—火、北—水，这是一种色彩与方位的和谐。紫禁城东部区域属木，建筑群主要是皇子们生活的地方。从屋顶瓦面颜色来看，该区域主要以代表春的绿色为主。紫禁城西部区域属金，建筑群主要是皇太后、后妃们生活的地方，其屋顶瓦面颜色为金黄色，寓意金秋、圆满。午门是紫禁城的正门，其城楼在高高的承台之上。承台表面饰以红色，既显得威严与庄重，又衬托了午门城楼的雄伟与高大。神武门是紫禁城的北门，尽管神武门的瓦顶颜色是黄色，但是神武门内的值房的瓦面颜色为黑色。同时，神武门的南边是钦安殿，里面供

① 周雷：《易学哲学观对中国建筑文化的影响》，《周易文化研究》，2017年第九辑，第325—342页。

着道教中的水神，即玄天上帝。紫禁城的古建筑都是以木结构为主，容易着火。皇帝通过在北方设置黑色的屋顶，来希望紫禁城内的建筑不发生火灾。

紫禁城布局与先天八卦构图又具有同构性。紫禁城被景运门、乾清门、隆宗门的东西向轴线分为南北两区，南区为阳为外朝，北区为阴为内廷。主体建筑太和殿、中和殿、保和殿位于外朝，前有大清门、天安门、端门、午门等系列空间序列做烘托过渡，三大殿雄踞正中，是天子举行重大典礼颁布政令之所。内廷主体建筑为乾清宫、坤宁宫及交泰殿，乾清宫和坤宁宫即内廷正殿，各为皇帝皇后正式起居之所。按《周易》八卦所示，乾为天为男为阳，坤为地为女为阴，乾清、坤宁二殿据《周易》乾坤二卦而命名，除效法天地之外更有深意。天地交泰阴阳和合，寓意世间万事万物皆井然有序，和乐融融，生机盎然。紫禁城此布局模式非偶然，是先天八卦天地定位、阴阳运行宇宙图式影响之下中国传统建筑布局之典型。其中轴线和中心明晰的对称格局，收放有序的空间序列，在心理及视觉上给人以庄严、稳定和宏大的空间感受，至今很多大型公共建筑的布局仍会得到借鉴[①]。

紫禁城主要宫殿建筑的坐北朝南与八卦的关系[②]。《周易·说卦》有："离也者，明也，万物皆相见，南方之卦也。圣人南面而听天下，向明而治，盖取诸此也。"离卦代表南方，阳光位于南方，南方即象征着光明，在此阳光所照耀之光明中万物皆彰显其情状。所谓"向明而治"，就是"向阳而治""向南而治"，因此而形成了我国古代特有的"面南文化"，使坐北向南成为尊贵与追求光明的象征。这也是称谓帝王君临天下为"南面"的根本原因。我国古代一直将"南面"作为"王天下"的代名词，所谓"南面称王"；而与之相应的北面则

---

① 董睿：《易学天人合一思想对中国传统建筑的影响》，《山东社会科学》，2012年第6期，第163—165页。

② 董睿：《易学空间定位原则对中国传统建筑布局之影响》，《东岳论丛》，2014年第8期，第108—113页。

是臣子与属下的代名词，即“北面称臣”。客观上，这与我国的自然地理条件息息相关。依据我国所处的特定地理环境，阳光多数时间是从南面照入室内，我国境内大部分地区夏季盛行东南风，冬季盛行偏西北风，客观上影响了“坐北朝南”模式的形成。但正如前文所述，太阳升起的东向与温暖光明的南向均是较好的朝向。

古建筑风水中，要求水来自乾方，由巽方出。紫禁城的水从西北方（乾方）引入，沿着西侧宫墙南行，至太和门后东行，由东南出（图13-2），东南向为巽方，与八卦图完全吻合。

图13-2　东华门内金水河出口
（图片来源：作者拍摄；时间：2016年）

第四节　建筑视觉

《周易·乾·文言传》有："夫大人者，与天地合其德，与日月合其明，与四时合其序，与鬼神合其吉凶。"该观点认为，明智的人思想与天地之道、日月之明相符合，与四季更替一样井然有序。这种观点对于紫禁城古建筑视觉效果的自然和谐有着一定的影响。其表现形式为：一方面，建筑整体有着恢宏的气势和规模；另一方面，建筑单体之间保持相对独立、互有差别而又有联系。帝王在紫禁城内行走时，由远而近的视觉效果，形与势的空间转换，构成了一系列最佳观赏视角及空间感，给人以生动别致、连续不断的审美体验。紫禁城古建筑的整体空间极为注重"壮丽威严"的形象，通过巧妙的布置"形""势"，来构成规模宏大、气势磅礴的建筑。

第五节　易学象数

在中国的传统文化中，数字不是枯燥无味的，而是有一定内容的，它可以象征天、地、人三极之道及其阴阳之道。数有奇偶之分，奇数为阳，偶数为阴。天为阳，地为阴。在十个自然数中，一、三、五、七、九为天数，二、四、六、八、十为地数。“三”这个数在《周易》中有特殊意义，它指上、中、下三画符号，即八卦符号。象征天、地、人三极之道。六十四卦中的每一卦，都包含着“三极之道”。在三画卦中，下爻为地，中爻为人，上爻为天；在六画卦中，初二两爻是地，三四两爻是人，五上两爻是天，“六爻之动，三极之道也”(《周易·系辞》)。这样一来，易学数字与紫禁城的布局形成一种和谐。

紫禁城古建筑中，“三”字的象征之处尤为具体。比如太和殿前的台基是三层。其每层逐渐升高，视觉上给人以“大殿向天空托起”的感觉，寓意“皇权至上，受命于天”的思想。前朝最重要的宫殿为三座：太和殿、中和殿、保和殿。后宫最重要的建筑亦为三座：乾清宫、交泰殿、坤宁宫。紫禁城古建筑群分为三路：左路、中路、右路。紫禁城大部分建筑区域，都由前院、中院、后院三部分组成。

在象征天的阳数中，九最大称为老阳之数[①]。“九”成为吉利数字，在我国传统文化中，占有很重要的地位。例如：“君子九德”“君子九思”“韶乐九成”“天保九如”“天子九贡”“天子九赐”“官分九品”“天高九重”“九九大庆”，等等。在《周易》中，阳爻称九。九又是吉祥的象征。《周易·乾·文言》：“乾元用九，天下治也。”“乾元用九，乃见天则。”在这种文化心理的驱动下，九

① 韩增禄：《东华门门钉之谜与中国传统文化》，《北京建筑工程学院学报》，1994年第1期，第9—17页。

这个数被视为最高级别的象征。《周易·系辞》:“天尊地卑，乾坤定矣。卑高以陈，贵贱位矣。”按照这一尊卑分明的原则，九又被规定为天子所独自享用的尊贵之数。这在建筑上体现得非常鲜明。《明会典》规定：除了皇帝可建造九开间的宫殿外，其他官员依照地位、品级的高低，所造厅堂之开间数均按七、五、三之顺序递减。《周易》有六十四卦，其中后天八卦中乾为天，以九代之，其第五爻称为“飞龙在天”。《周易·乾》有：“九五曰，飞龙在天，利见大人。”因而古代皇帝有“九五至尊”含义。紫禁城古建筑的房屋总数传说为9999.5间。这个数字反映了紫禁城的房屋数量很多，而末尾的数字“95”也体现了紫禁城建筑的至高地位。前朝三大殿“土”字形大台基，南北相距232米，东西相距130米，二者之比也刚好为9∶5。这寓意皇帝行使权力的宫殿具有至高等级。紫禁城古建筑中，体量大、等级高的建筑一般是在开间上分为9个部分，在进深上分为5个部分，体现“九五至尊”。紫禁城锡庆门（今珍宝馆入口）内的影壁，在正立面刻了9条龙，在屋顶上还刻了5条龙，亦寓意“九五至尊”。

九是阳的象征，六是阴的象征，在《周易》中，“六”和“九”相配是一种和谐，“一阴一阳之谓道”，故“六”与“九”同样重要。《周易》六十四卦以乾、坤二卦为根本，乾卦象天，坤卦象地。用数表示，九代表天道，六代表地道。天道刚健，地道柔顺。“坤至柔，而动也刚，至静而德方。”（《文言》）“至哉坤元，万物资生，乃顺承天。坤厚载物，德合无疆。”（《象辞·坤》）坤卦卦德柔顺，厚德养物。[①]坤卦“用六”的哲理在紫禁城皇家建筑中也被体现得淋漓尽致。如位于坤宁宫左右两侧的东六宫和西六宫。东六宫和西六宫是妃嫔居住之所。作为正宫的坤宁宫，是只有皇后才有资格居住的地方。按照古代的伦理观念，坤顺乾，则宁。帝王对后妃的坤德都有极其严

① 董睿，李泽琛：《易学象数对北京明清皇家建筑的影响》，《周易研究》，2005年第4期，第72—77页。

格的要求，这在后宫的建筑形式上有所体现。明代的东、西六宫虽历经易名，但其建筑形制并未变动。东、西六宫的建筑各有六座院落，又分为前后三排，每一排都被南北方向的虚轴分为东、西院落，呈现出东、西两个三画卦的坤卦形式，共有六个阴爻组成，含有“六六”之数。东、西六宫中间一排靠近称“正宫”的两座院落名称分别为“承乾”“翊坤”，指坤顺天承乾及两宫妃嫔应辅佐皇后的意义。

第六节　龙图腾

龙是我国古代传说中的神异动物，具有上天下海、呼风唤雨的能力。龙作为中华民族最古老的图腾出现于夏商时期，并且作为中华民族共同认同的祖先，在社会上形成了对龙这一图腾的特殊崇拜。

从外形来看，《说文解字》有："龙，鳞虫之长，能幽能明，能细能巨，能短能长，春分而登天，秋分而潜渊。"辞书之祖《尔雅》提到了凤凰的形象，关于龙却只字未提。宋人罗愿为尔雅所作的补充《尔雅翼》中，却有"释龙"："角似鹿，头似驼，眼似兔，项似蛇，腹似蜃，鳞似鱼，爪似鹰，掌似虎，耳似牛。"明代李时珍在《本草纲目·翼》中认为："龙者鳞虫之长。王符言其形有九似：头似驼，角似鹿，眼似兔，耳似牛，项似蛇，腹似蜃，鳞似鲤，爪似鹰，掌似虎，是也。其背有八十一鳞，具九九阳数。其声如戛铜盘。口旁有须髯，颔下有明珠，喉下有逆鳞。头上有博山，又名尺木，龙无尺木不能升天。呵气成云，既能变水，又能变火。"最早论述龙的生态特征的文字应是《周易》。《周易》大量使用了与"龙"相关的文字[①]。如《周易·乾》里有："乾乘六龙""潜龙勿用""见龙在天""见龙在田""飞龙在天""亢龙有悔"等。这说明龙是《周易》崇拜的图腾。

龙与帝王产生关系的历史久远，早在传说中的三皇五帝时代，龙就已经与帝王产生了千丝万缕的联系。古史传说中关于三皇的多种说法，有一种说法是关于伏羲、女娲和炎帝的。有说法认为，伏羲画八卦，女娲团土造人，这两个被尊为人类祖先的显赫人物，在传说中就是人龙结合的形象。随着社会历史的不断发展，龙除了作为帝王的象征之外，另一方面还具有沟通天地的神奇能力，能够充当帝王通天工具，或者是神人遨游天地最普通的工具。

---

① 易明，赵晓燕：《从天坛、故宫、北京城的设计看〈周易〉与中国古代建筑文化》，《北京联合大学学报》，1988年第2期，第1—8页。

汉代以后，龙作为图腾崇拜和吉祥瑞兽的身份被逐渐淡化，政治色彩则被进一步加重，帝王们企图借助天上龙的权威来证明其在地上的富贵，用其出身的神圣性来印证其统治的合法性。他们牵强附会，自称为获命于天的天子而高高在上；他们想尽办法剥夺百姓使用龙的权利，将龙攫为己有，把龙变成了他们的私有财产。

明清两代封建统治的中央集权达到顶峰，这一时期封建帝王为了稳固已经千疮百孔的封建统治、坐稳皇位，对普通大众的专制统治达到了顶峰。因此，配合中央集权封建专制统治的强化，龙作为帝王的附属物，也进入一个异常繁盛的时期。明清两代的皇家宫殿中对龙和龙纹的运用达到了一个难以想象的全盛时期。[①]在民间，一般不允许使用龙图腾，而紫禁城的建筑中，龙图腾得到了大规模运用[②]。仅以太和殿为例进行说明。它坐落在8米多高三层重叠的汉白玉石台上，三层台基的四周都设有汉白玉石栏杆。每根栏杆柱头皆刻云龙纹，柱下又各设一龙头探伸于外，形成云龙托殿的视觉效果。若逢雨时，台上雨水由龙口中排出，又巧妙地体现了龙为生云降雨神兽的主题。太和殿面阔11开间，进深5开间，建筑面积达2300多平方米。殿内空间开阔高大，其间擎立72根巨柱。中间开间的6根大柱为蟠龙金柱，柱上龙纹用我国特有的工艺“沥粉贴金”制成。这6根金柱分作两排，每根柱上缠绕着一条昂首张口的巨龙；东三柱龙纹向西上望，西三柱龙纹向东上望；龙下绘海水江崖，汹涌的海浪崩云裂岸，烘托出六龙飞腾于海上的磅礴气势。殿顶天花正中为藻井，井内雕有盘龙口衔宝珠俯首下视，体现了皇帝受命于天的主题。殿内正偏后设须弥座式木基座，座上设皇帝御座。现陈列于太和殿中的宝座乃明代遗物，该座背圈由三条金龙蟠曲组成；椅背正中有一条金龙昂首踞立，面向正中；底座呈“须弥座”形式，上雕二龙戏珠；其总体造型庄重瑰丽、华美异常。宝座之后立有高大屏风，屏风上为群龙浮雕，其上诸龙或

① 陈月巧，张慧萍：《浅谈龙与帝王的关系》，《贵阳学院学报（社会科学版）》，2017年第2期，第106—109页。

② 言午，埜屏：《龙在紫禁城》，《紫禁城》，1988年第1期，第8—9页。

升或降，或行或卧，呈现出万龙竞舞的壮观场面。[①]太和殿外檐有绘制龙纹的彩画，屋顶小兽的第一个即为龙，正脊两端的大吻也为龙头的形象。紫禁城古建筑中大量运用了龙图腾，这与《周易》中对龙的崇拜有着密不可分的关系。

① 李娜:《论中国龙文化与帝王的天命观》，哈尔滨师范大学硕士学位论文，2012年，第8—9页。

第七节　建筑命名

《周易》中部分自然宇宙观的和谐思想成为紫禁城古建筑命名的重要依据。乾卦是《易经》六十四卦之首卦，乾卦六爻的变化规律就表明了宇宙、自然、人事，由积蓄、发生、发展、变化、成熟至衰退的基本变化模型。乾道的变化模型揭示了事物发展变化的普遍自然规律，把握了乾道的变化，就能够做到各正性命。[①]紫禁城太和殿、保和殿的命名取自《周易·乾》，即“保和大和乃利贞”。在这里，“大”即“太”。“太和”意思就是宇宙万物和谐一体。“大和”是《周易》中的重要命题。和的本义原指音乐的相互搭配与和合，后来引申泛指社会中的人与人、人与事、人与环境的和谐关系。《周易》“和”的概念，指天下万物最好的状态就是大和[②]。“保和”的意思就是神志专一，以保持万物和谐[③]。“保和”意为“志不外驰，恬神守志”，也就是神志的专一，以保持宇宙间万物和谐。乾清宫出自乾卦。《周易·乾》有：“大哉乾元，万物资始，乃统天。”意即宏大的乾元之气是万物生长发展的动力，这种动力贯穿于整个天道运行过程之中。坤宁宫出自坤卦。《周易·坤》有：“至哉坤元，万物资生，乃顺承天。”意即有了大地之气，万物都受到滋养，这是对天意的顺承。交泰殿出自泰卦。《周易·泰》有：“天地交泰，后以财成天地之道，辅相天地之宜，以左右民。”意即说天地二气相交，是泰卦的象征。君王观看这一卦象，以天地之道来裁定执政规范，以天地之宜为辅助，来管理天下百姓。

---

① 周雷：《易学哲学观对中国建筑文化的影响》，《周易文化研究》，2017年第九辑，第325—342页。

② 廖少华：《〈周易〉古文化对传统民居的深远影响》，《美术》，2007年第6期，第120—121页。

③ 郑万耕：《〈周易〉的太和理念及和谐社会建构》，《北京师范大学学报（社会科学版）》，2011年第5期，第71—75页。

“左尊右卑”思想在紫禁城建筑命名中俯拾皆是[①]。“左右尊卑”的方位意识，在我国文化中具有特殊的含义。与“左右尊卑”的方位意识密切相关的，是以中国易学为灵魂的风水理论。按照面南而视的易学方位来说，其阴阳方位即是：南为阳，北为阴；左为阳，右为阴；或“东方少阳”“西方少阴”“南方太阳”“北方太阴”。位于太和门东面即左侧的门，始建于明永乐十八年（1420），明初叫作“东角门”。嘉靖四十一年（1562），改名为“弘政门”。清顺治二年，改称为“昭德门”。位于太和门西面即右侧的门，也是始建于明永乐十八年，明初叫作“西角门”。嘉靖四十一年，改名为“宣治门”。清顺治二年，改称为“贞度门”。这两个门的方位和命名，是不能错的。因为，在以汉文化为主体的中国文化中，和平时期是以左为上、以左为前、以左为贵的。弘政，是弘扬德政。宣治，是宣示法治。昭，是昭示、昭彰的意思。贞，正也。度，在这里指的是法度。昭德，就是宣德政。贞度，就是正法度。这样的方位和命名，所体现的都是：以德治为主，以法治为辅的阳德阴刑、隆礼重法精神。东西六宫，左尊右卑。在坐北朝南的皇宫建筑中，东宫位于其中轴线的左侧，西宫位于中轴线的右侧。东为阳，西为阴，阳为大，阴为小。故而，东宫与西宫相比，以东宫为尊。御花园中，左阳右阴。凸为阳，凹为阴；东为阳，西为阴；春为阳，秋为阴。因此，在故宫御花园中，建筑物的平面造型和建筑物的命名，都含有明显的阴阳方位理念。凸字形建筑平面的绛雪轩，位于其南北中轴线的左侧即东侧。凹字形建筑平面的养心斋，位于该中轴线的右侧即西侧。万春亭位于该中轴线的左侧即东侧，千秋亭位于该中轴线的右侧即西侧。这种左阳右阴的位置是不能错的。

---

① 韩增禄：《“左右尊卑”辨析》，《周易文化研究》，2010年辑刊，第198—239页。

第八节　建筑等级

《周易·系辞》有：“天尊地卑，乾坤定矣。卑高以陈，贵贱位矣。”意思是说，天在上而尊贵，地在下而卑谦，乾卦与坤卦的关系就确定了。低和高陈列在一起，尊贵与谦卑的地位就显现出来了。与之相对应，紫禁城建筑表现出来的等级是非常明显的。帝后君臣根据身份和地位不同，其所用的建筑等级亦不相同。身份等级相对较高的建筑使用者，其建筑等级表现亦较高。如紫禁城屋顶一般有硬山、悬山、歇山、庑殿四种建筑（攒尖式建筑较少），建筑等级的高低顺序为：庑殿屋顶（如太和殿，为皇帝举行重大仪式场所），歇山屋顶（如保和殿，为皇帝接受朝贺场所），悬山屋顶（如军机处章京值房，为大臣办公场所），硬山屋顶（如慈宁花园配殿，为后妃居所）。对于帝王执政用的宫殿建筑，如太和殿，其体量体现了“大壮”思想。“大壮”原出于《易经》的下经。辞曰：“大壮利贞。彖曰大壮。大者，壮也。刚以动，故壮。大壮利贞，大者正也。正大而天地之情可见矣。象曰：雷在天上，大壮。君子以非礼弗履。”宋代朱熹对“大壮”的注释为：“大，谓阳也。四阳盛长，故为大壮。以卦德言，则阳长过中，大者壮也；以卦德言，则乾刚震动，所以壮也。”从这些注释中可以看出，《周易》本义中的大壮主要指人们的德行要大而阳刚。大者才正，正大才有君子之象与德。《系辞》和《周易正义》中对“大壮”在建筑中的影响更为直接。《系辞》中言：“上古穴居而野处，后世圣人易之以宫室，上栋下宇，以待风雨，盖取诸《大壮》。”《周易正义》的解释是：“壮宫室于穴居野处，故取大壮之名一。”这种“壮”和“大壮”与宫室、宫殿建筑的联系，总的来看，主要体现在辉煌和雄伟壮丽上，太和殿建筑意境即为此意。

紫禁城建筑构件亦可体现等级。如斗拱由柱顶开始，向外出挑，每挑一次，称为“一踩”。建筑级别越高，斗拱出踩越多，如：太和殿9踩，保和殿7踩，神武门（紫禁城北门入口）5踩，延趣楼（皇帝休闲场所）3踩。紫禁城屋顶均有小兽，数目一般都是单数（除太和殿外）。建筑等级越高，则数量越多，如：太和殿10个，保和殿9个，中和殿（皇帝休息场所）7个，咸福宫（后妃居所）5个。紫禁城四个大门都有门钉。关于门钉的数量，《大清会典》明确记载道："宫殿门庑皆崇基，上覆黄琉璃，门设金钉"，"坛庙园丘外内垣门四，皆朱扉金钉，纵横各九"，"亲王府制正门五间，门钉纵九横七"，"世子府制正门五间，金钉减亲王七之二"，"郡王、贝勒、贝子、镇国公、辅国公与世子府同"，"公门钉纵横皆七，侯以下至男递减至五五，均以铁"。此外，紫禁城建筑外檐有不同类型彩画，建筑等级越高，其彩画级别越高，如：乾清宫（皇帝居所）为龙和玺彩画，神武门为旋子彩画，体和殿（后妃居所）为苏式彩画。

第九节 “中”的思想

《易传》提出“尚中正”思想，该思想源于《易经》对“中位”的重视。“中位”即二、五之位。二居下卦之中，五居上卦之中，居于二五之位的爻象又称中爻。《周易·乾·文言》有：“九二曰：‘见龙在田，利见大人。’何谓也？子曰：‘龙德而正中者也。’”《周易·需·象》曰：“‘位乎天位，以正中也。’”《周易·讼·象》曰：“‘利见大人’，尚中正也。”《周易·观·象》曰：“大观在上，顺而巽，中正以观天下，观。”这些说明，二、五之爻为吉利之爻。其爻辞之吉利，在于处此中正之位。一卦六爻，二、五爻居于上下卦之中位，按爻位说，每卦六爻分内卦、外卦，二爻当下卦中位，五爻当上卦中位，故二、五爻为“得中”，两者象征事物不偏不倚，守持中道。故一般情况下，中爻往往为吉，故以“中”或“中正”为事物的最佳状态。《周易》内大量使用了与“中”有关的语言，如“得中道也”“居位中也”“以中正也”“位正中也”等。此处“中”意为方位上的“中心”，以及处事的“中和、不偏不倚”之道。

紫禁城部分建筑的匾额体现了“中和”的思想。如中和殿“允执厥中”匾额（图13-3），寓意治国需要中正之道；养心殿中的“中正仁和”匾额，其寓意帝王处事要中庸正直、仁爱和谐；交泰殿内的“恒久咸和”匾联，寓意长久和谐治国①；乾清门内东庑的至圣先师室的“德合时中”匾联，寓意皇帝处事合

图13-3 中和殿“允执厥中”匾额
（图片来源：作者拍摄；时间：2016年）

① 李文君：《紫禁城八百楹联匾额通解》，紫禁城出版社2011年版，第63—64页。

乎时宜。

从方位角度讲，“中”反映了“王者必居天下之中”的思想。紫禁城位于北京的中心。对于紫禁城内的建筑而言，位于“中”轴线上的建筑，是最重要的[①]。易学理念里，贵中贵正。在正东、正南、正西、正北的四正方位中，以正阳、正午为准的中轴线，居于首要地位，并坐北面南为尊。《周易·说卦》有：“圣人南面而听天下，向明而治。”基于易学中“天人合一”的哲学理念，这条贯穿京城南北的主轴线，我国古代，就是象征规天矩地、法地则天、乾坤经纬、象天法地的基准线，就是象征天地大法的一条法线。《周易·系辞》有：“法象莫大乎天地。”我国古代，位于这条中轴线上的帝王的“宝座”又称为“法座”。将宫城内的主要宫殿与宝座建筑在这条中轴线上，不仅象征着六合之内万法归宗、万民归顺普天同贺，所谓“天尊地卑，乾坤定矣”（《周易·系辞》），还象征着其治国方略为阳德阴刑、刑德并用、隆礼重法、宽猛相济的大中至正之道。在易学文化的意义上，我国古代宫城建筑的南北中轴线，就是象征天地大法的一条法线。它象征着居住在这条中轴线上的帝王之合法地位。一般地说，只有在这条中轴线上举行过面南登基仪式的帝王，才能成为合法的天子，才能由“潜龙勿用”（《周易·乾·初九》）而“见龙在田”（《周易·乾·九二》）而“飞龙在天”（《周易·乾·九五》）。在后天八卦与正五行方位中，这条贯穿南北的水火线，又是坚守中道、坚守正道之治国方略的文化象征。此外，位于这条中轴线上帝王的“宝座”，称为“法座”。同时，中央的一切法律，大都是从这里颁发到全国各个地方的。

对于紫禁城内每座建筑而言，无论其有多少个开间，其正“中”那间房子的尺寸肯定是最大的。皇帝的宝座，位于太和殿正中房间的正中；而宝座上部的藻井，也位于太和殿正中房间的顶棚的正中。紫

① 韩增禄：《北京故宫建筑的易学理念（上）》，《周易文化研究》，2016年，第312—347页。

禁城很多建筑屋顶都埋设了宝匣，用于辟邪、镇宅。而宝匣的位置，恰恰在屋顶正中。紫禁城内重要建筑前面正中的路称为“御道”，为皇帝专用。由此可知，《周易》“中”的思想，对紫禁城建筑的布局、建造、陈设、道路等诸多方面产生明显的影响。

综上所述，《周易》是我国经典古代哲学论著，其对宇宙、自然、万物运行的和谐思想对紫禁城古建筑多方面产生了深刻的影响，其人文哲学内涵亦在紫禁城古建筑得到了充分的体现，值得我们深入研究，并有利于我国传统经典文化的传承。

第十四章

《考工记》和谐思想对紫禁城营建的影响

《考工记》为一部先秦古籍，在汉代被合并到《周礼》中，用以代替记载百工的《冬官》，因而《考工记》又名《周礼考工记》或《冬官考工记》。《考工记》讨论的是包括建筑在内各种工艺的制作方法，又多与人文礼仪联系在一起。《考工记》开创了我国古代造物活动的新纪元，但它记录的不仅是造物技术，而且进入到理论领域，直接介入人与自然、人与社会的关系[①]。

《考工记》与建筑营造相关的内容主要包括以下方面：（1）"匠人建国"部分，介绍建造城市的水平平整及定方位的测量技术，全文约43字；（2）"匠人营国"部分，介绍周朝王城的规模、城门数、建筑布局，"四阿"殿及明堂建筑的设计方法，规定不同官职的人员居住的城市营建等级，全文约262字；（3）"匠人为沟洫"部分，介绍了排水设施的营建方法，规定了提防修筑标准，提出了对不同墙体的设计方法，全文约264个字。从建筑相关角度讲，《考工记》的内容基本上可分为两部分[②]：一部分是关于古代对都城规划、建筑设计相关的礼制规定；另一部分是关于古代建筑营造技术的相关规定，如城市的规划，道路、宫室及门墙的尺度，工程测量技术等。《考工记》中关于建筑营造的技术，是一种人与自然的和谐；而其采取的部分营建理念，则是古代礼制社会和谐思想的体现。

始建于明代的紫禁城是我国现存规模最大、保存最完整的木结构古建筑群，现有古建筑9000余间。紫禁城古

---

① 张道一：《考工记译注》，陕西人民美术出版社2004年版。

② 刘天华：《浅论〈周易〉尊卑等级观念对我国古建筑的影响》，《同济大学学报（人文社会科学版）》，1992年第2期，第20—26页。

建筑群表现出雄伟的外观、严格的等级、绚丽的彩画、有序的构架、丰富的空间、优美的造型等特征，是我国古代建筑的精华与经典之所在。紫禁城的营建与《考工记》之间存在密不可分的关系，其在营建过程中受到了《考工记》和谐思想的直接或间接的影响。这种影响体现在《考工记》规定的理念和技术精髓，不仅包括建筑本身，还包括其他手工艺如车轮、绘画等工种。本章对这种影响展开具体分析，以揭示其中的内在联系，弘扬中国传统工匠文化和技艺。

第一节　营建理念

一、营建原则

《考工记》有："天有时，地有气，材有美，工有巧。合此四者，然后可以为良。"这句话的意思是：天有天时、节令和阴阳寒暑的交替，地有地气、方位和土脉刚柔的不同，材料要求外观及质量完美，工艺加工要求精巧。这四个方面结合起来，形成和谐统一，才能制作出精美的东西。

紫禁城的建筑亦如此。其选址考虑背山面水，负阴抱阳，其选材皆为上等的木材、石材及砖瓦，其工匠源于全国各地，能工巧匠无数。在这四个条件的共同作用下，紫禁城被建造得完美、华丽而又壮观。

二、建筑布局

和谐思想的重要内容之一即"均匀""平衡"，紫禁城古建筑的建筑布局亦体现出该思想。

（一）均匀对称性：《考工记》有"国中九经九纬，经涂九轨"。"九经""九纬"实际说明了城市的规划有对称性[①]。紫禁城的布局亦如此，其以午门—神武门连线为中轴线，两边的建筑形式基本相同，建筑命名体现阴阳方位（东为阳，西为阴）。如东有东华门，西有西华门；东有体仁阁（图14-1），西有弘义阁（图14-2）；东有文华殿，西有武英殿；东有东六宫，西有西六宫；等等。

---

① 于希贤，于涌：《〈周易〉象数与紫禁城的规划布局》，《故宫博物院院刊》，2001年第5期，第18—22页。

图 14-1　体仁阁匾额
（图片来源：作者拍摄；时间：2016 年）

图 14-2　弘义阁匾额
（图片来源：作者拍摄；时间：2017 年）

（二）功能平衡性：《考工记》有“左祖右社，面朝后市”。这句话的意思是：宫殿的左边（东边）为祭祖场所，右边（西边）为祭土地神场所，前面（南面）为处理政事场所，后面（北面）为生活场所。这句话反映了城市不同区域功能的平衡性。紫禁城东侧为太庙（图 14-3），西侧为社稷坛（图 14-4）；南北向以景运门—隆宗门连线为分界线，分界线以南为三大殿，即皇帝处理政务之处；分界线以北为后宫，即皇帝与后妃生活场所。景运门—隆宗门连线区域又称紫禁天街（图 14-5）。由此可知，紫禁城的平面布局与《考工记》的相关规定密切相关。

图 14-3　太庙
（图片来源：作者拍摄；时间：2017 年）

图 14-4　社稷坛
（图片来源：作者拍摄；时间：2017 年）

《考工记》有：“庙门容大扃七个，闱门容小扃三个，路门

图 14-5　紫禁天街
（图片来源：作者拍摄；时间：2017 年）

不容乘车之五个，应门二彻叁个。”这句话的意思是：宗庙的大门能够容纳大鼎杠（类似木扁担）七个，小的庙门可容纳小鼎杠三个，正寝的路门稍窄于五辆车并行的宽度，王宫的正门应相当于三辆车并行的宽度。在这里，实际阐述的是宫廷三朝三门制度[①]。“庙”及太庙，与外朝毗连。闱门属于庙内的门，与宫廷区无关。应门应为宫廷正南门，对于紫禁城来说则是午门。应门之内分别为内朝（对于紫禁城而言则为前朝）、路门内寝（对紫禁城而言则为后廷）。紫禁城中，内朝和内廷之间有着明确的分界线，而在路门外，设有九卿房，作为入值治事场所，见图 14-6。《考工记》认为宫殿有三朝，即外朝在宫城外宫前区，治朝（内朝）和燕朝（寝宫）都在宫城区内。路门、应门和皋门，依次配合三朝，由北向南排列在一条线上。对于紫禁城而言，以上三门分别为乾清门、午门和天安门，与《考工记》的规定基本吻合。

图 14-6　九卿房
（图片来源：作者拍摄；时间：2017 年）

三、五行、五色理念的应用

《考工记》有：“画缋之事，杂五色，东方谓之青，南方谓之赤，西方谓之白，北方谓之黑；天谓之玄，地谓之黄。”这句话的意思是：画匠所做的工作，就是调配五色。东方为青色，西方为白色，南

① 贺业钜：《考工记营国制度研究》，中国建筑工业出版社 1985 年版。

方为红色，北方为黑色，天是迷茫高远的，地是黄色的。在这里，上述理论是指绘画手艺讲究五行五色，《考工记》将绘画技艺与我国风水理论中五行、五色巧妙地结合起来，形成色彩与方位的和谐。紫禁城建筑的规划和布局，亦与五行、五色有着密切的联系。

紫禁城东部区域的建筑群主要是皇子们生活的地方。从屋顶瓦面颜色来看，该区域主要以绿色为主。其主要原因在于，绿色象征着万物成长，而在阳光沐浴下，万物能更加健康、茁壮地成长。皇帝将皇子们的居所安排在建筑区域的东部，寓意温和之春，皇子们犹如草木萌发，生机无限。

紫禁城西部区域的建筑群主要是皇太后、后妃们生活的地方。其屋顶瓦面颜色为金黄色。其主要原因在于，金黄色有“金秋”之意，而秋天是收获的季节，万物会有丰硕的成果。皇帝把皇太后、后妃们的居所安排在建筑区域的西部，寓意深刻。对于皇太后而言，她们一生圆满，已经到了“收”的阶段，可安度晚年；对于妃子们而言，她们能够为皇帝生儿育女，结出生命的果实，有利于皇家子孙繁茂、多子多福。

南方对应的颜色为红色，有夏天红火、赤热之意，亦有防护、守卫之意。紫禁城南面的建筑主要指午门，其屋顶瓦面为黄色，但是其承台的颜色为红色。从功能上讲，午门是紫禁城的正门，其城楼在高高的承台之上。承台表面饰以红色，既显得威严与庄重，又衬托了午门城楼的雄伟与高大。北代表冬天的方向，亦寓意水，有“收纳、灭火”之意。

紫禁城北侧屋顶瓦面的颜色用黑色表示。如神武门是紫禁城的北门，尽管神武门的瓦顶颜色是黄色，但是神武门内的值房的瓦面颜色为黑色。紫禁城的古建筑都是以木结构为主，容易着火。皇帝通过在北方设置黑色的屋顶，来希望紫禁城内的建筑不发生火灾。

紫禁城内最重要的建筑布置在中轴线上。“中”对应的色彩是黄色。黄色是最重要的颜色，代表着皇权。由于中华传统文化中，大地是黄色的，因而用黄色来代表“地”。由于土地是国家的象征，因而黄色也代表着皇帝的权力。紫禁城古建筑中，大部分尤其是位于中轴线的重要建筑，它们的屋顶瓦的颜色都是黄色的。

四、天象隐喻

《考工记》有："轮辐三十，以象日月也。盖弓二十有八，以象星也。"这句话的意思是：车轮的辐有三十根，象征日月运行，一个月为三十天。车盖的弓有二十八根，以象征二十八星宿的星辰。在这里，《考工记》把制作车轮的理念与天象紧密联系起来。相应地，紫禁城建筑命名和布局亦与天象联系密切，形成"天人合一"的和谐思想。如紫禁城建筑的整体布局是依据天宫中"紫微三垣"确定的。紫微三垣是指紫微垣、太微垣、天市垣，它们是古代天文星座最重要的组成部分。太微垣是天宫所在场所，亦是天帝行政之处。紫禁城前朝建筑的布置，与太微垣天庭建筑布置相仿。太微垣中间有明堂三星，而紫禁城前朝与之对应有太和、中和、保和三大殿。紫微垣中有行星15座，对应紫禁城内廷部分的建筑，即乾清、交泰、坤宁三宫，外加其两侧的东西六宫，合计建筑群15座。

五、建筑数字

"9"是最大的阳数，是阳的象征。《考工记》有："匠人营国。方九里，旁三门。国中九经九纬，经涂九轨。"这句话的意思是：工匠营造城市，其尺寸为九里见方，每边设三座门。城市中东西、南北向各九条干道，每条干道的宽度可容纳九辆马车行走。即城市内道路众多，每条道路非常宽敞。《考工记》又有："内有九室，九嫔居之；外有九室，九卿朝焉。"这句话的意思是：（路门）之内有九室，供后妃们居住；（路门）之外也有九室，供朝政官员办事。即宫殿内供后妃居住、官员办公的房间非常多。以上"九"，均反映数量多的意思。

数字"9"在紫禁城古建筑中可体现至高无上的等级，亦可显示出建筑的雄壮之美及等级之严。紫禁城古建筑的不同构件，通过"9"

来体现其重要性和显著地位。如紫禁城古建筑台阶上的龙，最多为9条。紫禁城古建筑大门门钉的数量，一般横向为9个，纵向也为9个，见图14-7。紫禁城古建筑屋顶上的小兽，数量最多的为9个（太和殿除外）。古建筑斗拱的出踩，数量最多的为9踩。紫禁城古建筑屋顶的梁架，九架梁为最多。可以认为，数字“9”的应用，是紫禁城古建筑营建中礼制文化的体现，亦是我国古代不同等级建筑中的和谐思想的反映。

图14-7　紫禁城宫墙门门钉
（图片来源：作者拍摄；时间：2017年）

六、建筑造型

《考工记》有：“轸之方也，以象地也。盖至圜也，以象天也。”这句话的意思是：车厢是方形的，象征大地；车盖是圆形的，象征上天。“天圆地方”源于八卦推出的天体运行图，是古人对宇宙的认识。其中，天是主，地是次，天为阳，地为阴。两者相互感应，生成了天地万物，由此形成了“天”与“地”之间的和谐。天圆地方表现在建筑形式上时，则体现为屋顶为圆形，而木构架平面为方形。如大高玄殿（明清皇家道庙）内的乾元阁。该建筑分为上下两侧，上层屋顶为圆形，寓意“天”，其匾额名称为“乾元阁”；下层屋顶为方形，寓意“地”，其匾额名称为“坤贞宇”。又如御花园的千秋亭，其平面形状以正方形为主体，明间向外凸出抱厦；而上檐屋顶平面为圆形，寓意“天圆地方”。其照片资料见图14-8。

图14-8　千秋亭天圆地方造型
（图片来源：作者拍摄；时间：2017年）

七、建筑等级

《考工记》有："王宫门阿之制五雉，宫隅之制七雉，城隅之制九雉"；又有"门阿之制，以为都城之制；宫隅之制，以为诸侯之城制"。这两句话的意思是，王宫的屋脊高度为五丈，宫城城墙四角高七丈，王城城墙四角高九丈。卿大夫的城邑高度，与王宫屋脊高度相同；诸侯城墙四角的高度，与宫城四角高度相同。这明确规定了不同等级官员的城邑高度标准，体现了等级社会中地位尊卑区别，体现了封建礼制文化中的和谐思想。

紫禁城的建筑亦体现了尊卑等级，表现为建筑朝向、布局、造型等方面。建筑布局方面，如内廷乾清宫为皇帝居所，坤宁宫为皇后居所，而其两侧的东西六宫则为皇妃居所。象征着一夫多妻背景下正室为尊、侧室为卑的封建礼制①。建筑朝向方面，如外朝三大殿为皇帝处理政事场所，其朝向为南北向；而三大殿两侧的朝房，则为各朝廷官员办事场所，其朝向均为东西向，其君臣关系寓意明显。建筑造型方面，帝后所用宫殿体量大、多用庑殿式屋顶，屋顶上小兽数目多，彩画为龙、凤图腾；普通官员所用宫殿体量小，多用级别相对较低的歇山、悬山、硬山屋顶，屋顶小兽数量较少，彩画以级别较低的苏式彩画为主。

---

① 彭红：《北京紫禁城建筑艺术的文化象征意义》，《衡阳师范学院学报（社会科学版）》，2003年第5期，第110—113页。

第二节　营建技术

从技术层面讲，《考工记》提出的建筑营建技术有利于建筑物施工的便利，并能有效抵御地震、洪水等自然灾害，从而保持稳固、长久。这些做法实际是古人的社会活动在适应自然过程中，形成了人与自然环境的一种和谐，且这些技术对紫禁城古建筑的营建亦产生了有利的影响，使得紫禁城古建筑能够适应自然界的各种“考验”而完整保存至今。

一、工程测量

《考工记》有：“匠人建国。水地以县，置臬以县，视以景。为规，识日出之景，与日入之景。”这句话的意思是：匠人建造城市时，在地上竖起标杆，通过绳子来测量高度和长度，通过水来平整场地。又在标杆上悬挂绳子，观察日影，由此画出圆形，并定出东西方位。汉代郑玄注明说：“以四角立植而悬。以水望其高下，高下即定，乃为位而平定。”意思就是：在拟建设的场地，四角各立一根标杆，然后用水平测量工具测量，统一地坪高度，再在此基础上施工。由此可知，古代人有矩，可以测得方角；有绳，可以测定距离；有水（平仪），即可测得高度。这样，就建立起来了三维测量坐标体系①。紫禁城的建筑整体定位与场地平整，方式与之吻合。标杆可确定场地的高度，而水则由于连通器原理，用一根水管连到两个位置，水管的两端高度一致，则两端的连线在同一水平面上，并作为场地平整的依据，见

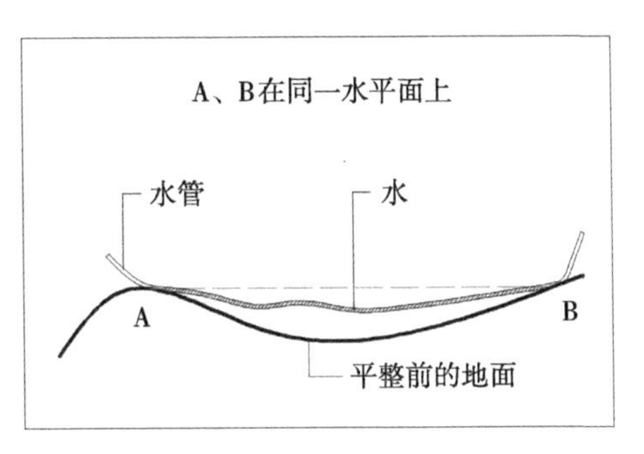

图14-9　古代水平仪使用原理
（图片来源：作者自绘）

① 秦建明：《华表与古代测量术》，《考古与文物》1995年第6期，第73—77页。

图14-9；而测日影的方式，有利于定位方向，确定紫禁城建筑整体为坐北朝南的布局。

二、屋架高宽比

《考工记》有："瓦屋四分。"这句话的意思是：瓦屋屋架高度不能超过屋架长的1/4，亦即屋架的高度不能太大。这句话是有科学依据的，对于屋架的静力稳定与抗震稳定都有重要的参考意义。紫禁城古建筑的屋架高度都有限制，一般不得超过长度的1/3，以免在大风、地震作用下，梁架产生倾覆[①]。以神武门为例，神武门屋架总高约5米，总长约15米，高宽比控制在1比3，见图14-10。由此可知，紫禁城古建筑屋架的尺寸限制与《考工记》的相关规定存在相似性。

图14-10　神武门屋架
（图片来源：作者拍摄；时间：2007年）

三、屋顶坡度

《考工记》内没有对屋顶排水的相关规定，但在"轮人为盖"部分，明确规定了车盖的伞的工艺标准，即"三分弓长，以其一为之尊，上欲尊而宇欲卑。上尊而宇卑，则吐水，疾而霤远"。这句话的意思是：车盖的伞弓在盖头近1/3的位置较高，其余2/3的位置犹如屋檐一样低，这样形成的坡度遮雨时，雨水很快就流下去了。这句话实际是我国古建筑屋面举架的雏形[②]。举架即屋面上层檩与下层檩之

① 周乾：《故宫神武门防震构造研究》，《工程抗震与加固改造》，2007年第6期，第91—98页。

② 李大平：《中国古代建筑举屋制度研究》，《吉林艺术学院学报》，2009年第6期，第7—14页。

间的高差与二者水平距离的比值。举架使屋面呈一条凹形优美的曲线，越往上越陡，且利于排水。《考工记》规定伞盖的上部要陡，下部要缓。这种举架形式的规定与紫禁城古建筑屋面举架做法非常接近。图14-11为太和殿上檐瓦面照片，可见瓦顶上陡下缓，非常有利于排水。可以认为，紫禁城屋顶坡度的营造技术与《考工记》的相关规定存在高度相关性。

图14-11　太和殿上檐瓦顶
（图片来源：作者拍摄；时间：2007年）

四、道路排水

《考工记》有："堂涂十有二分。"这句话的意思是：殿堂台阶前的道路，其中间要比两边高，高出的尺寸按路中央至路边长度的1/12考虑。这种规定亦有科学依据。其主要原因在于，路面中间高、两边低，则路面不易积雨水。而雨水由路面中间流入路边后，在沿着建筑或墙体方向流入排水沟，使得下雨天路面不产生积水。紫禁城古建筑地面排水设计的原则与上述规定基本相符合。

以太和殿广场排水为例进行说明。太和殿广场正中间要比四周高，且正中间的路由石板铺筑而成，为皇帝专走的道路，称为御道，见图14-12。每块石板中间都凸起一定的高度，这有利于排水。下雨天时，广场的水由中间流入周边的排水明沟，见图14-13；再由排水明沟通过地面排水口（俗称"钱眼"）流入暗沟，见图14-14；最后汇入内金

图14-12　太和殿广场御道
（图片来源：作者拍摄；时间：2017年）

水河。在雨季时期，太和殿广场不会产生积水。

图14-13　太和殿广场西北角排水明沟
（图片来源：作者拍摄；时间：2017年）

图14-14　太和殿广场南侧钱眼排水孔
（图片来源：作者拍摄；时间：2017年）

《考工记》又有："窦，其崇三尺。"这句话的意思是：宫中的水道，其截面高约三尺（60厘米）。其科学依据在于，在夏季雨量最大时，流入暗沟的水量，采用截面为0.6米左右高的暗沟可满足排水要求。若开挖的暗沟尺寸太大，不仅耗费了用工量，而且对沟顶盖板及沟两侧的砖的截面尺寸提出了更高的要求，否则沟很可能产生塌陷。紫禁城的暗沟做法与上述规定基本相符。

以紫禁城南十三排暗沟为例说明。南十三排位于故宫东城墙内侧，南北朝向，含13排房，均建于乾隆年间。南十三排南侧则为部分空地和树林。2015年4月施工人员对故宫十三排南侧约200米长的路面进行开挖，深度约为2.2米，宽度约为1.5米，以进行消防管线检修。其间，施工人员发现了明代排水暗沟（图14-15），沟两边各砌筑了7层砖，约0.6米高，上皮则有一块0.1米厚的青石板覆盖，之上再为0.8米

图14-15　南十三排排水暗沟
（图片来源：作者拍摄；时间：2015年）

高的杂填土①。这说明紫禁城暗沟的做法与《考工记》的相关规定有着密切的内在联系。

五、城墙与宫墙

《考工记》有："囷窖仓城，逆墙六分。"这句话的意思是：修建圆仓、地窖、方仓或城墙时，顶部要比底部宽度小，小的尺寸为高度的1/6。紫禁城城墙底部宽约8.52米，顶部宽约6.54米，高约10米，截面呈梯形，顶部收分尺寸约为高度的1/5②。该尺寸与《考工记》的相关规定基本吻合。古建筑城墙照片资料见图14-16和图14-17。从城墙的构造来看，其由中间的城土及两端的砖墙组成。由于土对砖墙有侧压力，而当城墙高度尺寸较大时，侧压力变大，对城墙的厚度要求增大，否则城墙因抵抗弯矩小于土的侧压力引起的倾覆弯矩，有产生倾覆危险。而采用顶部收分做法后，一方面，城墙内土的重量减小，对城墙产生的侧压力减小；另一方面，城墙中心离倾覆点距离增大，增加了城墙的抵抗弯矩，有利于城墙本身的稳定。由此可知，紫禁城城墙施工技术不仅受到了《考工记》的影响，而且还具有一定的科学性。

图14-16　紫禁城东南段城墙
（图片来源：作者拍摄；时间：2017年）

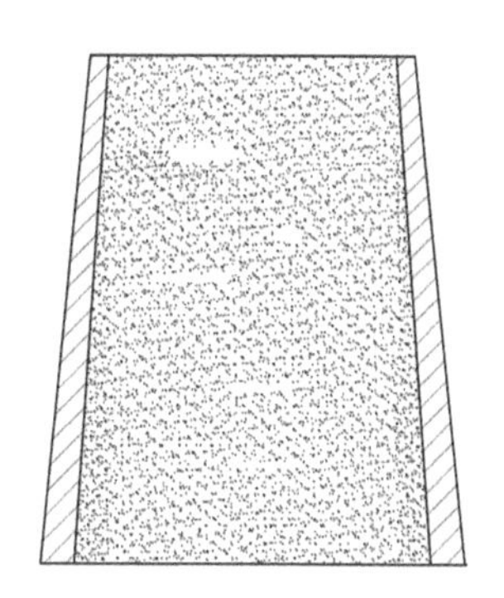

图14-17　紫禁城城墙断面示意图
（图片来源：作者自绘）

① 周乾：《故宫古建基础构造特征研究》，《四川建筑科学研究》，2016年第4期，第55—61页。

② 周乾：《考虑含孔洞土的古城墙受力计算研究》，《古建园林技术》，2011年第2期，第26—29页。

《考工记》对城墙角楼的尺寸规定为："宫隅之制七雉。"这句话的意思是：城墙四角（建筑）的高度为7丈。在这里，一雉等于1丈，1丈等于10尺，1尺等于0.231米。折算下来，城墙角楼的高度为16.17米。而紫禁城角楼从城台地面到正吻上皮的高度为16.81米[①]。这与《考工记》的规定高度接近。这说明紫禁城角楼的营建尺寸受到了《考工记》的影响。

《考工记》还规定了宫墙的建造尺寸标准，即"墙厚三尺，崇三之"。这句话的意思是：墙厚三尺，高为厚的三倍。紫禁城宫墙与城墙有着明显区别。从功能来看，城墙主要是防御外敌入侵用的，而宫墙主要是划分区别不同区域建筑的功能用的。从构造来看，城墙由城土加砖墙组成，而宫墙仅为砖砌的墙体，见图14-18和图14-19。紫禁城宫墙厚度为0.4～2.0米不等，其高度为厚度的3～4倍，与《考工记》相关规定基本一致。

图14-18　紫禁城宫墙
（图片来源：作者拍摄；时间：2017年）

图14-19　咸福宫院墙（宫墙）
（图片来源：作者拍摄；时间：2011年）

六、建筑模数制

所谓模数，即参考标准。中国古建筑以木结构为主，为便于构件的制作及安装，规格化、标准化的设定是极为重要的措施[②]。建筑模

① 万依：《紫禁城文化内涵浅识举隅》，见单士元、于倬云主编《中国紫禁城学会论文集（第一辑）》，紫禁城出版社1997年版，第78—82页。

② 李勤：《中国传统木结构建筑简析》，《北京建筑工程学院学报》，2010年第1期，第5—9页。

数制度随着古建筑营造的系统化而逐渐兴起，即通过确定某个构件的某个部位的尺寸，作为整座建筑的尺寸标准，其余构件的尺寸均以此为比例进行缩放获得。模数化的古建筑表现出统一性很强的建筑风格，《考工记》亦体现了这种建筑模数的萌芽。如“王宫门阿之制五雉，宫隅之制七雉，城隅之制九雉”，“经涂九轨，环涂七轨，野涂五轨”等内容，规定了不同建筑、道路的尺寸比例要求。紫禁城的建筑亦有严格的模数规定。紫禁城内几乎所有的建筑，均以斗口尺寸（见图14-20）为基准，其梁、柱等所有构件尺寸及建筑的总体尺寸，均由斗口尺寸放大而来。因此可知，紫禁城的建筑具有强烈的统一风格。甚至可以认为，很多建筑在构造组成上基本一致，仅仅是不同建筑之间存在着缩放的比例大小不同而已，见图14-21。从这个角度而言，可以认为紫禁城建筑的营建技术受到了《考工记》的影响。

图14-20　坐斗及斗口
（图片来源：作者拍摄；时间：2014年）

（a）后右门

（b）协和门

图14-21　外观及构造高度相似的古建筑
（图片来源：作者拍摄；时间：2017年）

综上所述，《考工记》和谐思想对紫禁城古建筑营建的影响，主要包括以下方面：

（一）营建理念方面，紫禁城的营建原则、平面布局、建筑造型、建筑色彩、建筑隐喻、建筑数字、建筑等级等方面体现的和谐思想受到了《考工记》的影响。

（二）营建技术方面，紫禁城建筑的测量技术、屋架高宽比、瓦顶坡度、道路排水、宫墙尺寸、建筑模数等方面体现的和谐思想受到了《考工记》的影响。

《考工记》对紫禁城营建的影响，可反映我国古代劳动人民对自然规律的尊重，对人文社会较为系统的认识，以及在建筑生产技术上体现出的工匠精神。这对我国传统文化和生产技术的弘扬及传承，都具有重要的意义。

参考文献

[1]（德）爱娃·海勒.色彩的文化[M].吴彤,译.北京：中央编译出版社，2004.

[2]安小兰.荀子.[M].北京：中华书局，2007.

[3]班固.汉书[M].郑州：中州古籍出版社，2004.

[4]陈晓虎，张学玲.明清北京天坛建筑群布局的释说[J].山西建筑，2015，(8)：1—3.

[5]陈强.论中国古代“天人合一”思想的非宗教性[J].东岳论丛，2010，(6)：83—86.

[6]陈戍国.礼记[M].长沙：岳麓书社，1991.

[7]陈媛媛，孟斌，付晓.中国皇家园林建构中的文化地理要素表达——以颐和园为例[J].北京联合大学学报，2016，(4)：23—28.

[8]陈媛媛.民俗学视域下中国传统色彩文化研究——以传统中国红为例[J].黔南民族师范学院学报，2018，(6)：113—117.

[9]陈月巧，张慧萍.浅谈龙与帝王的关系[J].贵阳学院学报（社会科学版），2017，(2)：106—109.

[10]程瑶，张慎成.略论中华传统“五色观”[J].湖南科技学院学报，2016(3)：181—182.

[11]崔广振.颐和园美山湖石[J].化石，1990，(4)：14—16.

[12]党洁.风水、阴阳、五行在紫禁城中的体现[J].北京档案，2012，(9)：50—51.

［13］董睿，李泽琛.易学象数对北京明清皇家建筑的影响［J］.周易研究，2005,（4）：72—77.

［14］董睿.易学天人合一思想对中国传统建筑的影响［J］.山东社会科学，2012,（6）：163—165.

［15］董睿.易学空间定位原则对中国传统建筑布局之影响［J］.东岳论丛，2014,（8）：108—113.

［16］窦文宇，窦勇.汉字字源：当代新说文解字［M］.长春：吉林文史出版社，2005.

［17］杜彬，谢启芳.带雀替木结构燕尾榫节点抗震性能研究［J］.四川建筑科学研究，2017,（6）：61—65.

［18］杜迺松.故宫的铜狮［J］.故宫博物院院刊，1980,（2）：93.

［19］樊海源，崔家善.中华儒家思想之理论旨要与时代价值［J］.学术交流，2015,（3）：45—50.

［20］（唐）房玄龄.晋书［M］.北京：中华书局，1974.

［21］高巍.四合院里的“讲究”体现人与自然和谐关系［N］.中国社会科学报，2012-11-16（A05）.

［22］巩辉.品石三味［J］.石材，2001,（2）：39.

［23］谷建辉，董睿.“礼”对中国传统建筑之影响［J］.东岳论丛，2013,（2）：97—100.

［24］郭彧.周易［M］.北京：中华书局，2006.

［25］韩羽.植物造景浅析——以北京颐和园的谐趣园为例［J］.现代园艺，2017,（2）：113.

［26］韩星.内圣外王之道与当代新儒学重建［J］.新疆师范大学学报（哲学社会科学版），2016,（6）：19—28.

［27］韩增禄.东华门门钉之谜与中国传统文化［J］.北京建筑工程学院学报，1994,（1）：9—17.

［28］韩增禄.“左右尊卑”辨析［J］.周易文化研究，2010，198—239.

［29］韩增禄.北京故宫建筑的易学理念（上）［J］.周易文化研究，2016，312—347.

［30］韩增禄.北京故宫建筑的易学理念（中）［J］.周易文化研究，2017，298—324.

［31］贺业钜.考工记营国制度研究［M］.北京：中国建筑工业出版社，1985.

［32］（宋）黄休复.益州名画录［M］.成都：四川人民出版社，1982.

［33］黄国松.五色与五行［J］.苏州丝绸工学院学报，2000，（2）：24—28.

［34］黄寿祺，张善文.周易译注（修订本）［M］.上海：上海古籍出版社，2001.

［35］金开诚.文化古今谈［M］.北京：新世纪出版社，2001.

［36］金学智.中国园林美学［M］.北京：中国建筑工业出版社，2005.

［37］姜欢笑，王铁军.和谐之美——论中国传统建筑之文化生态与精神复归［J］.东北师大学报（哲学社会科学版），2014，（6）：273—275.

［38］李春青.论“敬”的历史含义及其多向价值［J］.辽宁大学学报（哲学社会科学版），1997，（2）：75—79.

［39］李大平.中国古代建筑举屋制度研究［J］.吉林艺术学院学报，2009，（6）：7—14.

［40］李合群，李丽.试论中国古代建筑中的梭柱［J］.四川建筑科学研究，2014，（5）：243—245.

［41］李玲.中国古建筑和谐理念研究［D］.济南：山东大学，2011.

［42］李玲，李俊.从建筑选址看中国传统文化的“相地堪舆”［J］.人文天下，2019，（2）：56—59.

［43］李娜.论中国龙文化与帝王的天命观［D］.哈尔滨：哈尔滨

师范大学，2012.

［44］李勤.中国传统木结构建筑简析［J］.北京建筑工程学院学报，2010，(1)：5—9.

［45］李晴.浅析榫卯之美［J］.美术教育研究，2015，(1)：66—67.

［46］李学勤.十三经注疏［M］.北京：北京大学出版社，1999.

［47］李卫，高大峰，邓红仙.带雀替木构架榫卯节点特性的试验研究［J］.文博，2013，(3)：80—85.

［48］李文君.紫禁城八百楹联匾额通解［M］.北京：紫禁城出版社，2011.

［49］李越，等.故宫博物院藏“养心殿喜寿棚”烫样著录与勘误［J］.故宫博物院院刊，2016，(3)：55—73.

［50］梁铖.人文视角下的绿色建筑解析［J］.居舍，2019，(11)：15—16.

［51］廖少华.《周易》古文化对传统民居的深远影响［J］.美术，2007，(6)：120—121.

［52］林姝.崇庆皇太后画像的新发现——姚文瀚画《崇庆皇太后八旬万寿图》［J］.故宫博物院院刊，2015，(4)：54—66.

［53］蔺若.“天人合一”哲学思想对中国古典园林艺术的影响［J］.科教导刊(中旬刊)，2010，(7)：221—222.

［54］林移刚.汉族狮崇拜及其起源［J］.华夏文化，2008，(1)：46—49。

［55］刘大可.明、清古建筑土作技术(二)［J］.古建园林技术，1988，(1)：7—11.

［56］刘国敏.中国古建筑中的祥禽瑞兽与民俗文化特征［J］.时代文学(下半月)，2012，(10)：217—218.

［57］刘天华.浅论《周易》尊卑等级观念对我国古建筑的影响［J］.同济大学学报(人文社会科学版)，1992，(2)：20—26.

［58］刘媛.北京明清祭坛园林保护和利用［D］.北京：北京林业

大学，2009.

［59］刘媛欣.北京传统四合院空间的有机更新与再造研究［D］.北京：北京林业大学，2010.

［60］刘宇，李先达.浅析中国古典建筑屋顶艺术［J］.艺术与设计，2018,（10）：63—65.

［61］陆元鼎，杨谷生.中国民居建筑中卷［M］.广州：华南理工大学出版社，2003.

［62］吕嘉戈.中国哲学方法—整体观方法论与形象整体思维［M］.北京：中国文联出版社，2003.

［63］马炳坚.中国古建筑木作营造技术［M］.北京：科学出版社，1991.

［64］马英豪.从北京市第三次文物普查数据看加强近、现代建筑的保护［J］.首都博物馆论丛，2012，70—77.

［65］孟凡人.明北京皇城和紫禁城的形制布局［J］.明史研究，2003，92—93.

［66］农夫，贾建新.颐和园的桥［J］.绿色中国，2015,（4）：66—67.

［67］欧阳康，孟筱康.试论《周易》的原初意义与现代意义［J］.周易研究，2002,（4）：3—13.

［68］彭红.北京紫禁城建筑艺术的文化象征意义［J］.衡阳师范学院学报（社会科学版），2003,（5）：110—113.

［69］秦建明.华表与古代测量术［J］.考古与文物，1995,（6）：73—77.

［70］茹竞华.紫禁城室外陈设·园林植物［J］.紫禁城，2002,（4）：8—15.

［71］茹竞华，田贵生.紫禁城总平面布局和中轴线设计［A］.中国紫禁城学会论文集（第三辑）［C］.北京：紫禁城出版社，2004.

［72］（清）阮元.十三经注疏［M］.北京：中华书局，1980.

［73］石渠，李雄.北京清代皇家园林匾额楹联文化意蕴与植物景

观研究［A］.中国风景园林学会2017年会论文集［C］.北京：中国建筑工业出版社，2017.

［74］稍志伟.易学象数下的中国建筑与园林营构［D］.济南：山东大学，2012.

［75］慎铁刚.中国古建筑的力与美探析［J］.力学与实践，1996，(3)：72—76.

［76］申研.艺术设计的内容美与形式美［J］.艺术教育，2010，(4)：124.

［77］沈于华.天下第一廊——颐和园长廊［J］.园林，1995，(2)：10.

［78］史杰鹏."厌胜"之词义考辨及相关问题研究［J］.励耘学刊(语言卷)，2013，(2)：83—108.

［79］苏舆.春秋繁露义证［M］.北京：中华书局，1992.

［80］孙睿珩.北方四合院院落特色及影响因素初探——以北京地区为例［J］.北方建筑，2016，(2)：50—53.

［81］陶思炎.中国镇物文化略论［J］.中国社会科学，1996，(2)：138—147.

［82］陶思炎.论镇物与祥物［J］.江苏行政学院学报，2005，(4)：22—27.

［83］佟岩.颐和园地被植物的现状与应用［J］.北京园林，2018，(2)：53—58.

［84］夏成钢.湖山品题——颐和园匾额楹联解读［M］.北京：中国建筑工业出版杜，2009.

［85］肖红."瑞兽"麒麟与民间装饰艺术［J］.河南大学学报(哲学社会科学版)，1987，(2)：112—114.

［86］徐斌.中国传统园林中的亭［J］.湖南农业大学学报(社会科学版)，2000，(4)：82—84.

［87］徐华铛.闪烁着历代艺人的智慧光芒的神灵瑞兽麒麟［J］.浙江工艺美术，2001，(2)：14—15.

[88] 徐燕.传统吉祥观在现代文创产品设计中的应用研究［J］.湖南科技大学学报(社会科学版)，2017，(6)：125—130.

[89] 徐艳文.北京传统民居四合院［J］.资源与人居环境，2018，(5)：63—67.

[90] 万依.紫禁城文化内涵浅识举隅［A］.中国紫禁城学会论文集(第一辑)［C］.北京：紫禁城出版社，1997.

[91] 王长富."负阴抱阳，冲气以为和"的古建筑空间分析对城市再生景观空间新探［D］.南昌：南昌大学，2010.

[92] 王道瑞.清代九卿小考［J］.故宫博物院院刊，1983，(2)：87—88.

[93] 王鸿雁.清漪园宗教建筑初探［J］.故宫博物院院刊，2005，(5)：219—245.

[94] 王家年.吉祥如意上梁钱［J］.理财，2015，(9)：70.

[95] 王堃.天坛回音建筑演进轨迹及其文化意蕴［D］.哈尔滨：黑龙江大学，2008.

[96] 王铭珍.故宫主要建筑为何多崇九［J］.北京档案，2007，(12)：41.

[97] 王琪.北京故宫窗的视觉形态与美学特征研究［D］.北京：北京建筑大学，2017.

[98] 王其亨.清代陵寝建筑工程小夯灰土做法［J］.故宫博物院院刊，1993，(2)：48—51.

[99] 王小回.天坛建筑美与中国哲学宇宙观［J］.北京科技大学学报(社会科学版)，2007，(1)：157—161.

[100] 王雪皎.基于色彩地理学的颐和园导视系统色彩设计研究［J］.包装工程，2019，(14)：63—67.

[101] 王文娟.五行与五色［J］.美术观察，2005，(3)：81—87.

[102] 王文涛.保和殿建筑结构及形制探究［A］.中国紫禁城学会论文集第八辑(上)［C］.北京：故宫出版社，2014.

[103] 王玉.五行五色说与中国传统色彩观探究［J］.美术教育

研究，2012，（21）：31—33.

［104］王子林.太和殿前的嘉量与日晷——皇帝驾御宇宙时空的象征［J］.紫禁城，1998，（1）：13—15.

［105］王子林.正始之基，王化之道——交泰殿原状［J］.紫禁城，2007，（1）：126—131.

［106］（汉）许慎.说文解字［M］.（宋）徐铉，校.北京：中华书局，1985.

［107］吴全兰.阴阳学说的哲学意蕴［J］.西南民族大学学报（人文社会科学版），2012，（1）：55—59.

［108］吴婷.北京颐和园景桥的美学价值研究［D］.北京：北京建筑大学，2017.

［109］吴洋.中国古代“和谐社会”思想及对当代的启示［J］.天中学刊，2014，（1）：55—57.

［110］颜文明.传统瑞兽图形基础上的现代视觉设计再现［J］.美与时代（上），2015，（4）：73—75.

［111］言午，埜屏.龙在紫禁城［J］.紫禁城，1988，（1）：8—9.

［112］杨春风，万屹.紫禁城宫殿建筑中的“五行、五方、五色、四象”［J］.建筑知识，2007，（3）：58—61.

［113］杨冬.从阴阳五行哲学思想看色彩的装饰形态［J］.艺术与设计（理论），2011，（5）：28—30.

［114］杨辛.美在和谐——颐和园的园林艺术［A］.中国紫禁城学会论文集（第二辑）［C］.北京：紫禁城出版社，2002.

［115］杨振铎.天坛圜丘坛空间序列与氛围的营造［J］.北京园林，2001，（1）：34—36.

［116］姚安.美丽北京之天坛［J］.北京史研究会专题资料汇编，2015，（7）：133—148.

［117］易明，赵晓燕.从天坛、故宫、北京城的设计看《周易》与中国古代建筑文化［J］.北京联合大学学报，1988，（2）：1—8.

［118］于希贤，于涌.《周易》象数与紫禁城的规划布局［J］.

故宫博物院院刊，2001，(5)：18—22.

[119] 禹玉环."天人合一"思想与明清古典园林[J].遵义师范学院学报，2008，(1)：17—19.

[120] 张勃.从国家祭祀场所到公共活动空间——关于活化北京七个祭坛公园的思考与建议[J].北京联合大学学报(人文社会科学版)，2013，(1)：59—65.

[121] 张道一.考工记注释[M].西安：陕西人民美术出版社，2004.

[122] 张剑葳.厌胜在中国传统建筑中的运用发展及意义[J].古建园林技术，2006，(2)：37—42.

[123] 张姣影.中国皇家园林空间中的轴线浅析[J].中外建筑，2008，(6)：66—67.

[124] 张龙，吴琛，王其亨.析颐和园的景观构成要素——亭[J].扬州大学学报(自然科学版)，2006，(2)：57—60.

[125] 张淑娴.装修图样：清代宫廷建筑内檐装修设计媒介[J].江南大学学报(人文社会科学版)，2014，(3)：113—121.

[126] 张耀丹.通往空间的向度——浅析北京天坛建筑群的色彩美学[J].美术教育研究，2013，(11)：149—150.

[127] 张园园.颐和园亭桥的艺境美分析[J].古建园林技术，2015，(4)：34—37.

[128] 赵玉玲.董仲舒"三纲五常"伦理观的时代价值[J].学理论，2016(3)：72—73.

[129] 郑连章.紫禁城钟粹宫建造年代考实[J].故宫博物院院刊，1984，(4)：58—67.

[130] 郑连章.紫禁城宫殿的总体布局[J].故宫博物院院刊，1996，(3)：52—58.

[131] 郑万耕.《周易》的太和理念及和谐社会建构[J].北京师范大学学报(社会科学版)，2011，(5)：71—75.

[132] 钟金贵.中国崇凤习俗初探[D].湘潭：湘潭大学，2005.

[133] 周雷.易学哲学观对中国建筑文化的影响 [J] .周易文化研究，2017，(9)：325—342.

[134] 周乾.故宫神武门防震构造研究 [J].工程抗震与加固改造，2007，(6)：91—98.

[135] 周乾.考虑含孔洞土的古城墙受力计算研究 [J] .古建园林技术，2011，(2)；26—29.

[136] 周乾，闫维明，关宏志.故宫太和殿静力稳定构造研究 [J] .山东建筑大学学报，2013，(3)：215—219.

[137] 周乾，闫维明，关宏志，等.故宫太和殿减震构造分析 [J] .福州大学学报(自然科学版)，2013，(4)：652—657.

[138] 周乾.故宫古建基础构造特征研究 [J].四川建筑科学研究，2016，(4)：55—61.

[139] 周乾，杨娜.故宫古建榫卯节点典型残损问题分析 [J] .水利与建筑工程学报，2017，(5)：12—19.

[140] 周艳艳.从明清北京祭坛建筑透视“天人合一”的意蕴 [D] .哈尔滨：黑龙江大学，2009.

[141] 周振甫.诗经译注 [M] .北京：中华书局，2002.

[142] 邹铭.基于公共环境的中国古代经典苏式彩画的浅析——以故宫和颐和园为例 [J] .艺术与设计(理论)，2018，(10)：114—116.

[143] 朱利峰.北京古典皇家园林庭院理景艺术分析——以颐和园排云殿院落为例 [J] .北京社会科学，2011，(3)：79—85.

[144] 朱庆征.方寸之间的宫廷建筑 [J] .紫禁城，2006，(7)：88—91.

[145] 卓媛媛.故宫长春宫大木结构特点初步分析 [J].故宫学刊，2015，(2)：312—322.

后　记

和谐是社会发展的重要组成部分，也是公众文化提升的重要内容。北京有着悠久的历史和灿烂的文化，其保留下来的古建筑有着和谐之美，这种美体现在以下主要方面。

建筑理念方面，“天人合一”是古建筑营造的重要理念。北京现存古建筑多以明清皇家建筑为主，无论是宫殿，还是坛庙，还是园林，“天人合一”为其重要营建理念，具体表现为或对宇宙的尊崇，或对自然规律的适应，并达到相互之间的和谐。如天坛作为明清帝王祭天的场所，以“象天法地”的理念来设计和规划建筑，除了以圆形的周垣象征天守，以外围方形的土墙象征地表之外，对天坛的建造构件也做了具体的规定，以所有构件合易的数理，来寓示天的崇高和地的辽阔。又如紫禁城是明清帝王执政和生活的场所，建筑的整体规划理念是依据天宫中“紫微三垣”确定，以前朝三大殿对应于紫微垣、太微垣、天市垣，以内廷后三宫及东西六宫对应于紫微垣中的15颗行星。而颐和园的设计理念，则是通过建筑景观与自然山水紧密的联系，在建筑组群内部或庭院空间中贯穿自然的多个因素，形成天空、山、水等自然环境与建筑的和谐统一。

建筑布局方面，古建筑的布局具有均匀对称性、功能平衡性，达到建筑的审美与实用功能的和谐；以藏风聚气、阴阳互补的理念进行布局，如建筑坐北朝南有利于夏天通风、冬天御寒，达到人与自然（规律）的和谐；四合院建筑主房、次房的布局，有利于同族不同辈人员相处的礼教和谐。

建筑构造和营建技艺方面，古建筑从构造上一般由基础、柱子、柱架、斗拱、梁架、屋顶和墙体组成。这些构造有着保持建筑稳定的智慧。如基础分层夯实，有利于建筑均匀沉降。柱底平摆浮搁，有利于隔离地震造成的结构剧烈晃动，并能避免柱根糟朽。柱与额枋采用榫卯节点连接，不仅有利于建筑的快速安装，而且在发生地震时，榫头与卯口的相对转动，可以耗散部分地震能量，减小柱架的晃动。斗拱有众多细小截面的木构件叠加而成，且不仅造型美观，在地震作用时，这些小构件之间的摩擦和挤压，也能够耗散部分地震的能量。梁架采用抬梁式，不仅有利于建筑屋顶的排水和建筑内部的采光，而且能够改变屋顶重量传递给下部构件的分配方式，避免了梁采用过大的截面。同时，低矮的梁架，有利于避免屋顶在地震作用下倒塌。屋顶采用厚厚的泥背，不仅有利于防水，而且能够起到保温隔热的作用。墙体厚重，其外面工艺精致，内芯采用施工废料，实用环保。墙体与木柱相交处，上下位置安装透风，有效地避免了柱根糟朽。很多古建筑在营建之前，会制作成烫样，供使用者进行修改，使得建筑功能更加全面化和合理化，避免不必要的返工。古建筑的构造特征和营建技艺，其实质就是适应自然规律作用，兼而满足建筑本身的功能需求的合理做法，是人与自然和谐的一种表现形式。

建筑命名方面，古建筑的命名，包含了“天人合一”思想、“内圣外王”思想、阴阳协调思想、“崇九”思想、三纲五常思想。上述思想，充分体现了古人希冀人的行为符合自然运行规律、人的活动有利于社会进步、人与人之间保持和谐相处等愿望，是人、自然、社会和谐的表现。

建筑色彩方面，对于一座建筑群的不同建筑而言，东、西、南、北、中五个方位的建筑分别与青、白（金黄）、红、黑、黄五种颜色对应；单体建筑的部位不同，采取的色彩不同，突出的主题也不同，形成色彩间的和谐；不同色彩之间的协调，对于突出建筑的功能、增强整体外部空间的立体感和室内的舒适感起到了重要的作用。

建筑陈设方面，建筑陈设不仅仅是建筑装饰和建筑艺术的重要组成部分，还能反映建筑的历史，衬托建筑氛围，突出建筑的功能，达到上述各个方面的统一。如紫禁城各个广场的石别拉，为清代所用的报警装置，其外观与栏板望柱融于一体，其功能实用有效；紫禁城重要宫殿前的须弥座，其文化寓意丰富，建筑外形优美，在实用功能上可作为建筑底部的稳固基础；紫禁城多处位置陈设的铜缸，集建筑艺术与实用灭火设备的功能于一体，达到相互间的和谐统一。

建筑习俗方面，古人营建的一些习俗也反映了和谐的理念。如古建筑在完工前，在屋脊正中埋设宝匣，并进行隆重的合龙仪式。宝匣内都有镇物，其以有形的器物表达无形的观念，帮助古人驱赶可能威胁建筑及建筑使用者安全的邪魔。又如古人会在建筑的不同部位或安装，或雕刻，或绘制瑞兽的纹饰。这些瑞兽或为现实中带来平安吉祥的动物，或为想象中的神兽。古人把这些瑞兽美好的寓意赋予建筑和建筑使用者，希望以此带来好运。这些古代生产力条件低下的建筑习俗，对当今人来说则属于建筑文化，但它凸显出古人对人、自然、社会的一种和谐与平衡。

北京古都建筑的和谐之美是我国传统建筑优秀文化、艺术、技艺等多方面的体现，是古人传下来的宝贵的精神财富，值得我们学习、传承与弘扬。

周乾